"十四五"职业教育国家规划教材

大数据存储技术与应用案例教程

主审　文志诚
主编　巢喜剑　施盛江　周丽华

航空工业出版社

北　京

内 容 提 要

本书采用项目任务式编写形式，以合理的结构、通俗易懂的语言、丰富实用的案例、学练结合的讲解方式，全面系统、循序渐进地介绍了大数据存储的相关技术和实际应用。全书共分为7个项目，分别为大数据存储入门、数据仓库 Hive、列式数据库 HBase、文档数据库 MongoDB、图数据库 Neo4j、键值数据库 Redis、NewSQL 数据库 CockroachDB。

本书可作为职业院校大数据技术、数据科学与大数据技术、人工智能技术应用、计算机应用技术等相关专业的教材，也可供大数据技术爱好者自学使用。

图书在版编目（CIP）数据

大数据存储技术与应用案例教程 / 巢喜剑，施盛江，周丽华主编. -- 北京：航空工业出版社，2024.7
（2025.12重印）. -- ISBN 978-7-5165-3795-4

Ⅰ．TP274

中国国家版本馆 CIP 数据核字第 20245ZG034 号

大数据存储技术与应用案例教程
Dashuju Cunchu Jishu Yu Yingyong Anli Jiaocheng

航空工业出版社出版发行
（北京市朝阳区北苑路58号楼20层　100012）
发行部电话：010-85672666　010-85672683　　　读者服务热线：010-85672635
北京市科星印刷有限责任公司印刷　　　　　　　　全国各地新华书店经销
2024年7月第1版　　　　　　　　　　　　　　　2025年12月第2次印刷
开本：787×1092　1/16　　　　　　　　　　　　字数：341千字
印张：14.75　　　　　　　　　　　　　　　　　定价：59.80元

前言 PREFACE

使用大数据存储技术能够存储和管理海量、多样、快速增长的数据。随着大数据存储技术的不断发展，它在医疗、教育、电子商务等领域发挥着越来越重要的作用，推动了社会进步与经济发展。

为帮助学生快速掌握大数据存储技术的知识和技能，进而具备存储、查询和分析数据的能力，我们组织有丰富教学经验的高校教师和企业专家合作编写了本书。本书全面系统地介绍了常用大数据存储技术的相关知识及应用。

本书特色

1 春风化雨，立德树人

党的二十大报告指出："育人的根本在于立德。"本书积极贯彻党的二十大精神，始终坚持价值塑造、能力培养、知识传授"三位一体"的育人理念，将能体现职业理想、职业道德、工匠精神、创新精神等的内容潜移默化地融入知识和技能教育，引导学生将个人价值实现与国家民族发展紧密相连，力求培养有担当、高素质、高水平的专业型人才。

2 校企合作，协同育人

本书邀请相关企业专家参与案例设计和编写，结合企业对人才的实际要求，通过任务实施和项目实训将教学重心落在职业需要和岗位的实际应用上，充分发挥学校和企业各自在人才培养方面的优势，帮助学生实现从校园到企业的平稳过渡。

3 全新形态，全新理念

本书遵循"理论够用，重在实践"的原则，循序渐进、深入浅出地介绍了大数据存储技术的相关知识，并且在每个项目的重难点部分精心设计了相关示例，让学生即学即练，帮助学生更好地理解和掌握相关知识。此外，本书还根据需要安排了"高手点拨"和"小提示"等栏目，适时提醒学生留意难点、疑点或关键点，强化学习效果。

4 资源升级，平台支撑

本书配有丰富的数字资源，读者可以借助手机或其他移动设备扫描二维码观看微课视频，也可以登录文旌综合教育平台"文旌课堂"查看和下载本书配套资源，如教学课件、素材与实例、项目考核答案等。读者在学习过程中有什么疑问，也可以登录该平台寻求帮助。

此外，本书还提供了在线题库，支持"教学作业，一键发布"，教师只需通过微信或"文旌课堂"App扫描扉页二维码，即可迅速选题、一键发布、智能批改，并查看学生的作业分析报告，提高教学效率，提升教学体验。学生可在线完成作业，巩固所学知识，提高学习效率。

本书编写队伍

本书由文志诚担任主审，巢喜剑、施盛江、周丽华担任主编，陈晓霞、肖彬、李星、廖锋、高波、朱瑞玥、刘绪军、张毅恒、黄军华担任副主编。由于编者水平有限，书中可能存在疏漏或不妥之处，敬请各位读者批评指正。

特别说明

（1）在本书编写过程中，编者参考了大量资料，这些资料大部分已获授权，但由于部分资料来自网络，我们暂时无法联系到原作者。对此，我们深表歉意，并欢迎原作者随时与我们联系。

（2）本书所有案例中用到的人名等信息均为化名。

本书配套资源下载网址和联系方式

网址：https://www.wENjingketang.com
电话：400-117-9835
邮箱：book@wENjingketang.com

目录 CONTENTS

项目一　大数据存储入门 / 1

项目导读 / 1

项目目标 / 1

任务一　了解大数据存储相关岗位的要求 / 2

　任务描述 / 2

　任务准备 / 2

　　一、大数据的特征 / 2

　　二、大数据技术体系 / 3

　　三、大数据存储技术的发展历程 / 5

　　四、大数据存储技术的分类 / 5

　任务实施 / 7

任务二　部署 Hadoop 完全分布式集群 / 8

　任务描述 / 8

　任务准备 / 8

　　一、分布式文件系统概述 / 8

　　二、HDFS 的架构 / 10

　　三、HDFS 的存储原理 / 12

　任务实施 / 13

项目实训 / 22

项目考核 / 24

项目评价 / 25

项目二　数据仓库 Hive / 26

项目导读 / 26

项目目标 / 26

任务一　采用远程模式部署 Hive / 27

　任务描述 / 27

　任务准备 / 27

　　一、数据仓库概述 / 27

　　二、Hive 的架构 / 30

　　三、Hive 的存储结构 / 32

　　四、Hive 表的存储格式 / 32

　任务实施 / 33

任务二　构建网站流量数据仓库 / 41

　任务描述 / 41

　任务准备 / 42

　　一、数据库的基本操作 / 42

　　二、表的基本操作 / 45

　任务实施 / 50

任务三　操作网站流量数据 / 53

　任务描述 / 53

　任务准备 / 53

　　一、导入数据 / 53

　　二、查询数据 / 58

　　三、导出数据 / 60

任务实施 / 62

项目实训 / 67

项目考核 / 68

项目评价 / 70

项目三　列式数据库 HBase / 72

项目导读 / 72

项目目标 / 72

任务一　采用完全分布式模式部署
　　　　HBase / 73

　任务描述 / 73

　任务准备 / 73

　　一、列式数据库概述 / 73

　　二、HBase 的特点 / 74

　　三、HBase 的架构 / 75

　　四、HBase 的存储结构 / 76

　任务实施 / 77

任务二　使用 HBase Shell 操作用户
　　　　行为数据 / 84

　任务描述 / 84

　任务准备 / 85

　　一、HBase Shell 的常用命令 / 85

　　二、表的基本操作 / 86

　　三、数据的基本操作 / 89

　任务实施 / 94

任务三　使用 HBase Java API 操作
　　　　用户行为数据 / 96

　任务描述 / 96

　任务准备 / 97

　　一、HBase Java API 概述 / 97

　　二、表的基本操作 / 99

　　三、数据的基本操作 / 101

　任务实施 / 103

项目实训 / 111

项目考核 / 111

项目评价 / 113

项目四　文档数据库 MongoDB / 115

项目导读 / 115

项目目标 / 115

任务一　采用副本集模式部署
　　　　MongoDB / 116

　任务描述 / 116

　任务准备 / 116

　　一、文档数据库概述 / 116

　　二、MongoDB 的存储结构 / 118

　　三、MongoDB 的数据类型 / 118

　任务实施 / 119

任务二　使用 MongoDB Shell 操作
　　　　网站数据 / 124

　任务描述 / 124

　任务准备 / 124

　　一、数据库的基本操作 / 125

　　二、集合的基本操作 / 126

　　三、文档的基本操作 / 128

　任务实施 / 137

任务三　使用 MongoDB Java API 操作
　　　　网站数据 / 139

　任务描述 / 139

任务准备 / 139

　　一、MongoDB Java API 概述 / 140

　　二、数据库、集合和文档的基本操作 / 140

任务实施 / 142

项目实训 / 150

项目考核 / 150

项目评价 / 152

项目五　图数据库 Neo4j / 154

项目导读 / 154

项目目标 / 154

任务一　采用单机模式部署 Neo4j / 155

任务描述 / 155

任务准备 / 155

　　一、图数据库概述 / 155

　　二、Neo4j 的存储结构 / 156

　　三、Neo4j 的查询语言 / 157

任务实施 / 158

任务二　操作公司组织架构图数据 / 161

任务描述 / 161

任务准备 / 162

　　一、节点的基本操作 / 162

　　二、关系的基本操作 / 168

任务实施 / 172

项目实训 / 177

项目考核 / 178

项目评价 / 179

项目六　键值数据库 Redis / 181

项目导读 / 181

项目目标 / 181

任务一　采用单机模式部署 Redis / 182

任务描述 / 182

任务准备 / 182

　　一、键值数据库概述 / 182

　　二、Redis 的存储结构 / 183

　　三、Redis 的数据类型 / 184

任务实施 / 184

任务二　操作社交媒体数据 / 186

任务描述 / 186

任务准备 / 186

　　一、键的基本操作 / 187

　　二、字符串的基本操作 / 188

　　三、哈希表的基本操作 / 189

　　四、列表的基本操作 / 190

　　五、集合的基本操作 / 192

　　六、有序集合的基本操作 / 193

　　七、Redis 持久化 / 194

任务实施 / 195

项目实训 / 198

项目考核 / 198

项目评价 / 200

项目七　NewSQL 数据库 CockroachDB / 201

项目导读 / 201

项目目标 / 201

任务一　采用单机模式部署 CockroachDB / 202

任务描述 / 202

任务准备 / 202

一、NewSQL 数据库概述 / 202

二、CockroachDB 的架构 / 203

三、CockroachDB 的存储结构 / 205

任务实施 / 205

任务二　操作电商平台的交易数据 / 207

任务描述 / 207

任务准备 / 208

一、数据库的基本操作 / 208

二、模式的基本操作 / 209

三、表的基本操作 / 210

四、数据的基本操作 / 215

任务实施 / 220

项目实训 / 224

项目考核 / 226

项目评价 / 227

参考文献 / 228

项目一

大数据存储入门

项目导读

在数字化时代背景下,互联网的普及、物联网技术的蓬勃发展,以及社交媒体平台的广泛使用,共同推动了数据量的爆炸式增长。面对如此庞大和丰富的数据,传统的关系型数据库已难以满足数据存储和管理的需求。因此,大数据存储技术应运而生,并迅速成为信息技术领域的研究热点。

本项目将介绍大数据存储的相关知识,部署 Hadoop 完全分布式集群。

项目目标

● 知识目标

- ✓ 了解大数据的特征、技术体系,以及大数据存储技术的发展历程。
- ✓ 了解分布式文件系统的特点和应用场景。
- ✓ 掌握大数据存储技术的分类和分布式文件系统的架构。
- ✓ 掌握 HDFS 的架构和存储原理。

● 技能目标

- ✓ 能根据大数据存储相关岗位的要求制订具有针对性的学习计划。
- ✓ 能部署 Hadoop 完全分布式集群。

● 素养目标

- ✓ 加强基础知识的学习,实现从量变到质变的转化,为个人的长远发展打下基础。
- ✓ 了解我国的数据库市场,紧跟时代发展。

任务一　了解大数据存储相关岗位的要求

任务描述

大数据存储技术是指用于有效地存储和管理大规模数据集的技术和方法。这些技术广泛应用于多个行业，促进了不同行业的快速发展和不断创新。了解大数据存储相关岗位的要求有助于个人制订具有针对性的学习计划和更科学的职业发展规划，提高自己在就业市场上的竞争力。了解大数据存储相关岗位的要求之前，我们先来学习一下大数据的特征、大数据技术体系、大数据存储技术的发展历程和分类。

任务准备

全班学生以 3~5 人为一组，各组选出组长。组长组织组员扫码观看"关系型数据库概述"视频，讨论并回答下列问题。

问题1：简述关系型数据库的优缺点。

关系型数据库概述

问题2：简述关系型数据库的 ACID 特性。

一、大数据的特征

大数据（big data）自提出以来，备受各行各业的关注。然而，对于"大数据"的确切定义尚未达成共识。目前，普遍将大数据描述为无法在一定时间范围内使用常规软件工具（如传统的数据库管理工具或数据处理软件）进行获取、存储、管理和分析的数据集合。

大数据具有多种特征，其中最典型的特征如下。

（1）数据规模（volume）大。世界正处于一个数据爆炸的时代，随着数据采集技术和存储技术的不断发展，人们可以通过各种方式收集和存储数据，数据的规模达到了太字节甚至拍字节级别。

> **高手点拨**
>
> 在计算机中,通常使用字节(Byte, B)、千字节(Kilobyte, KB)、兆字节(Megabyte, MB)、吉字节(Gigabyte, GB)、太字节(Terabyte, TB)、拍字节(Petabyte, PB)、艾字节(Exabyte, EB)、泽字节(Zettabyte, ZB)、尧字节(Yottabyte, YB)表示存储设备的容量或文件的大小,它们之间的换算关系如下。
>
> 1 KB=1 024 B　　1 MB=1 024 KB　　1 GB=1 024 MB　　1 TB=1 024 GB
>
> 1 PB=1 024 TB　　1 EB=1 024 PB　　1 ZB=1 024 EB　　1 YB=1 024 ZB

(2)数据种类(variety)多。大数据不仅包括传统的结构化数据,还包括非结构化数据和半结构化数据。

> **高手点拨**
>
> 结构化数据是指遵循固定格式或有明确结构的数据,此类数据通常以二维表形式存储在关系型数据库中。
>
> 非结构化数据是指没有固定格式或明确结构的数据,此类数据通常无法直接以二维表形式存储在关系型数据库中。常见的非结构化数据包括办公文档、图片、音频和视频等,它们的特点主要是格式和标准的多样性。
>
> 半结构化数据是介于结构化数据和非结构化数据之间的数据。这类数据通常不具备固定或一致的格式,但仍然包含了一定的结构信息,如标签、属性等,这些信息可以用于提取和理解数据内容。常见的半结构化数据包括日志文件、网页文件、XML 文档、JSON 文档和邮件等。

(3)数据产生和传播速度(velocity)快。在大数据时代,数据的产生和传播主要通过互联网和云计算等数字技术实现,这一过程的特点是速度极快,能够在瞬间完成信息的全球传播。

(4)数据真实性(veracity)低。数据可能存在噪声和偏差,导致数据真实性和准确性低。

(5)数据价值(value)密度低。数据可能存在不完整、不准确、过时、有歧义等质量问题,使用数据分析技术和数据挖掘技术可以从大规模数据中提取有价值的信息。

二、大数据技术体系

大数据技术体系是指为了处理大规模数据而构建的一套完整的技术架构和使用的多种工具的集合。大数据技术体系可分为数据采集、数据存储、资源管理与服务协调、数据计算和数据可视化等多个层,如图1-1所示。

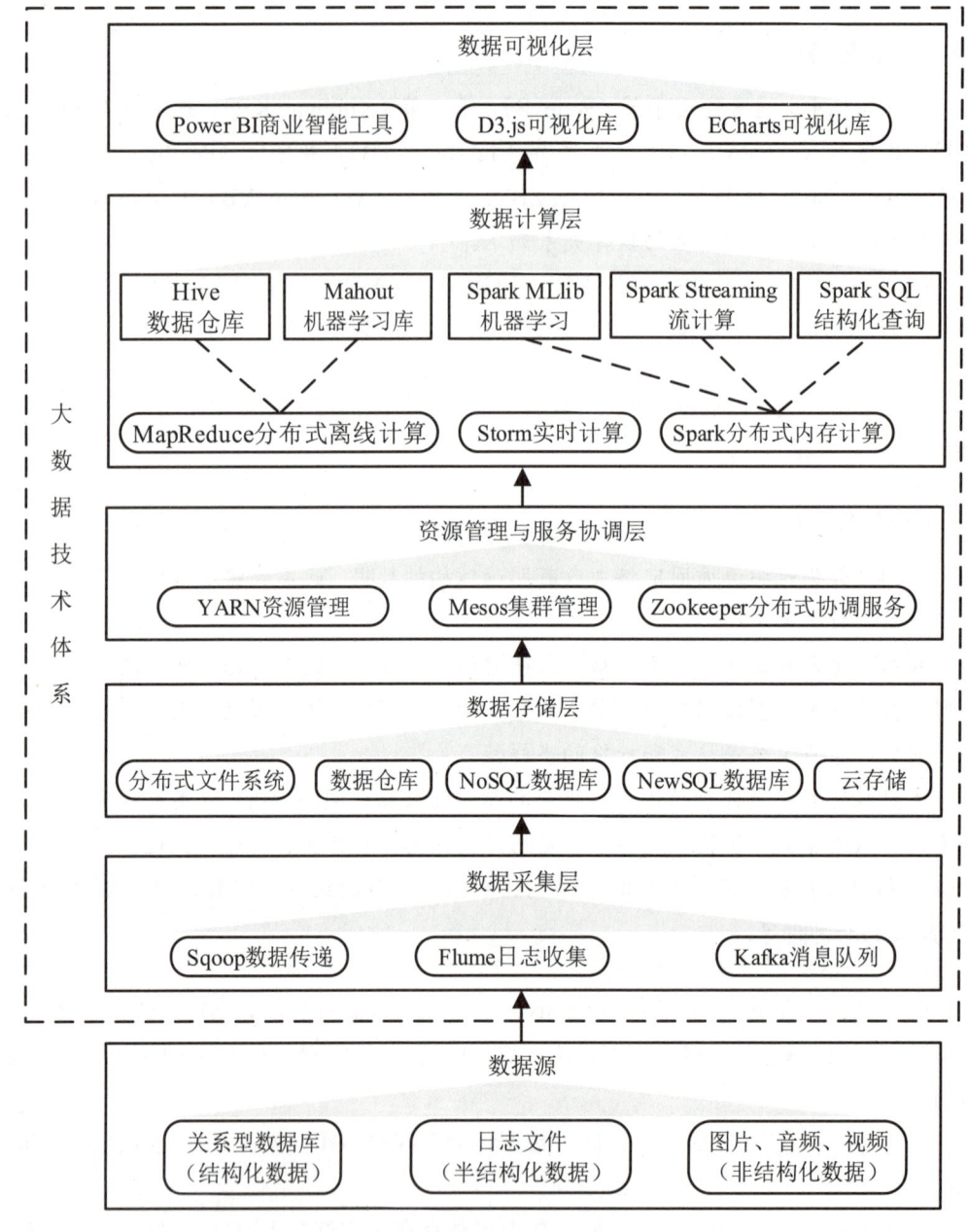

图 1-1 大数据技术体系

（1）数据采集层主要负责从数据源中收集数据，常用的数据采集工具有 Sqoop、Flume 和 Kafka 等。

（2）数据存储层主要负责存储和管理不同类型的数据，从而为后续的数据处理、分析和挖掘等提供数据存取服务。常用的数据存储技术有分布式文件系统、数据仓库、NoSQL 数据库、NewSQL 数据库和云存储等。

（3）资源管理与服务协调层主要负责对系统中的各种资源进行管理和协调，以确保系统的高效运行和任务的顺利执行。常用的资源管理与服务协调工具有 Apache Hadoop 的 YARN（yet another resource negotiator）、Mesos 和 Zookeeper 等。

（4）数据计算层主要负责对大规模数据进行处理、分析和挖掘等。常用的数据计算技术有 MapReduce、Storm 和 Spark 等。

（5）数据可视化层主要负责将大规模的、复杂的数据以直观、易于理解的图形化形式展示出来。常用的数据可视化技术有 Power BI（power business intelligence）、D3.js 和 ECharts 等。

三、大数据存储技术的发展历程

在计算机出现之前，人们主要通过手写或印刷的方式将数据记录在纸上。进入计算机时代后，数据存储的基础依赖于实体介质（如打孔卡、磁带和磁盘等），这些初步的存储解决方案为后续的数据处理奠定了基础。

随着计算机科学的飞速发展，关系型数据库（如 MySQL、Oracle 等）成为主流的数据存储和管理平台，广泛应用于各种行业，如金融、电信、医疗、教育等。但是，随着数据量的增加，关系型数据库已无法满足海量数据的存储和管理需求。

为了应对大规模数据集的存储和管理需求，多种大数据存储技术应运而生。其中，分布式文件系统将数据分别存储在多个节点中，实现了负载均衡和高可用性；数据仓库技术可以集中存储数据和优化查询性能，显著提高了数据查询的效率；NoSQL 数据库采用灵活的非关系模型，更好地满足了大规模非结构化和半结构化数据的存储需求；NewSQL 数据库综合了关系型数据库和 NoSQL 数据库的优势，为处理大规模数据提供了更完善和全面的解决方案。

云计算技术的兴起促进了云存储服务的发展。云存储服务允许用户将数据远程存储在云端的服务器上，实现了数据的集中管理和高效访问。通过云存储服务，用户能够在任何地点访问和处理数据，打破了地理限制。此外，云存储服务还提供了全面的数据管理功能，包括备份、恢复等，从而确保了数据的安全性。

总的来说，大数据存储技术不断地朝着更加智能、灵活、安全、高性价比的方向发展，以满足不断增长的大数据存储和管理需求，从而应对多样化的应用场景。

四、大数据存储技术的分类

大数据存储技术主要分为 5 类，分别为分布式文件系统、数据仓库、NoSQL 数据库、NewSQL 数据库和云存储。

1. 分布式文件系统

分布式文件系统（distributed file system, DFS）通过网络连接多台计算机（节点），并将数据和数据的管理任务分散到这些计算机上。虽然数据在物理层面上分布在不同的节点上，但是 DFS 具有位置透明性，确保了用户不需要了解底层存储细节即可访问远程数据，仿佛这些数据存储在本地系统一样。

分布式文件系统不仅可以直接作为大数据存储工具，还可以作为其他复杂大数据存储技术的底层存储架构。例如，Hive 数据仓库和 HBase 列式数据库均以分布式文件系统作为其底层存储架构。

主流的分布式文件系统有 Hadoop 完全分布式文件系统（Hadoop distributed file system, HDFS）、谷歌文件系统（Google file system, GFS）和淘宝文件系统（Taobao file system, TFS）等。

2. 数据仓库

数据仓库（data warehouse, DW）是一个面向主题的、集成的、相对稳定的、具有历史性的数据集合。它支持大规模数据的长期存储，常用于存储业务发展过程中产生的历史数据。

设计并构建数据仓库，可以帮助企业有效地整合、存储、管理和分析大规模数据，从而为企业规划业务发展和制订战略决策等提供数据支持。

主流的数据仓库技术有 Hive 和 Snowflake 等。

3. NoSQL 数据库

NoSQL（not noly structured query language）泛指非关系型数据库，最初是为了满足互联网的业务需求而设计的。它旨在克服传统关系型数据库在处理大规模数据、实现高并发访问等方面的局限性。NoSQL 数据库的特点主要体现在以下几个方面。

（1）数据模型灵活。NoSQL 数据库无须事先为要存储的数据建立字段，可以随时存储自定义格式的数据。此外，NoSQL 数据库可以灵活地存储结构化、非结构化和半结构化数据。

（2）易扩展。NoSQL 数据库是分布式的、水平扩展的，数据之间没有关系特性。在实际应用中，如果数据库系统无法处理高并发请求和存储大量的数据，则可以通过水平扩展在系统中增加多个节点，从而提升系统的性能。

（3）高性能。NoSQL 数据库通常具有较高的性能，能够支持高并发请求和大规模数据的处理。

（4）高可用。NoSQL 数据库在设计时就考虑了高可用性和容错性，保证数据库在部分节点故障时仍能正常运行。

市场上涌现的性能优异的 NoSQL 数据库产品有列式数据库（如 HBase、Cassandra 等）、文档数据库（如 MongoDB、CouchDB、Couchbase 等）、图数据库（如 Neo4j、JanusGraph、OrientDB 等）和键值数据库（如 Redis、DynamoDB 等）等。

4. NewSQL 数据库

NewSQL 数据库是对各种新的可扩展、高性能数据库的总称。NewSQL 数据库不仅具有 NoSQL 数据库存储和管理海量数据的能力，还保留了传统关系型数据库的 ACID 特性和 SQL 查询语言。

主流的 NewSQL 数据库有 TiDB、VoltDB、CockroachDB 和 NuoDB 等。

5. 云存储

云存储技术随着云计算的普及而迅速发展，为用户提供了弹性的、可扩展的、安全的数据存储解决方案。用户可以通过互联网将数据存储在云端的服务器上，无须关注底层的硬件和管理细节。云存储技术的特点主要体现在以下几个方面。

（1）弹性扩展。云存储技术提供了弹性的存储资源，用户可以根据需要随时扩展存储容量，不需要预先购买大量硬件设备。

（2）高可靠。云存储技术通常采用分布式架构，数据会存储在多个物理位置，即使发生硬件故障或自然灾害，数据仍能得到保护和恢复。

（3）强大的数据管理功能。云存储技术提供了数据备份、快照、版本控制等功能，方便用户对数据进行管理和保护。

（4）灵活的数据存储模型。云存储技术支持多种数据存储模型，如对象存储、文件存储和块存储，用户可以根据需求选择合适的模型。

（5）高性价比。云存储技术以按需付费的模式提供服务，用户只需根据实际使用的存储容量和数据传输量支付费用，无须承担大量的硬件和维护成本。

主流的云存储服务有百度云、腾讯云、天翼云和阿里云等。

了解大数据存储相关岗位的要求

任务实施

任务分析 访问 BOSS 直聘、智联招聘、58 同城等招聘网站，搜索并查看大数据存储相关岗位的招聘信息，了解大数据存储相关岗位的技术要求与岗位职责等。

步骤 1 打开 BOSS 直聘官网首页。

步骤 2 在搜索框中输入关键字"大数据存储"，并按"Enter"键进行搜索，页面显示多条关于大数据存储岗位的招聘信息，如图 1-2 所示。

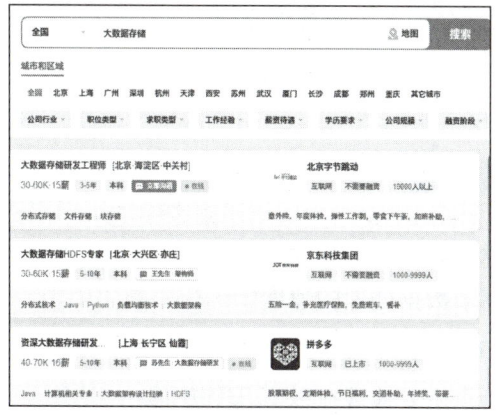

图 1-2　关于大数据存储岗位的招聘信息

步骤 3 单击打开搜索结果中的招聘信息，查看企业对大数据存储相关岗位的具体描述和要求等。

步骤 4 打开其他招聘网站，搜索并查看大数据存储相关岗位的招聘信息。

步骤 5 根据查看的招聘信息，归纳总结大数据存储相关岗位的技术要求与岗位职责等，并为自己制订合理的学习计划与职业规划。

任务二 部署 Hadoop 完全分布式集群

任务描述

Hadoop 完全分布式集群包括 Hadoop 分布式文件系统（HDFS）、YARN 和 MapReduce 等组件。其中，HDFS 是 Hadoop 生态系统中的核心组件之一，它为 Hadoop 平台提供了强大的数据存储和管理功能。部署 Hadoop 完全分布式集群之前，我们先来学习一下分布式文件系统的特点、应用场景和架构，以及 HDFS 的架构和存储原理。

任务准备

全班学生以 3～5 人为一组，各组选出组长。组长组织组员扫码观看"分布式系统概述"视频，讨论并回答下列问题。

问题 1：简述分布式系统的概念和特点。

问题 2：简述分布式系统的数据一致性原则。

分布式系统概述

一、分布式文件系统概述

分布式文件系统可以将数据分散存储在多个节点上，不仅大幅扩充了存储容量，还通过并行处理技术显著提高了数据处理的速度。

1. 分布式文件系统的特点

分布式文件系统的特点主要体现在以下几个方面。

（1）跨网络存储。分布式文件系统通常将数据存储在多个节点上，这些节点通过计算机网络相连，形成一个逻辑上的树形文件系统结构，以便用户访问分布存储在网络上的共享数据。

（2）高伸缩性。分布式文件系统不受本地存储空间的限制，可以通过动态增删节点来实现高伸缩性。

（3）高可用性。分布式文件系统通常将数据备份在多个节点上，提高了数据的可靠性。即使某个节点出现故障，系统也可以从其他节点恢复数据，保证了数据的持续可用性。

（4）负载均衡。分布式文件系统可以将总的工作负载分散到多个节点上，提高了系统的整体性能。

（5）访问控制与安全。分布式文件系统通常支持多用户访问控制、存储配额和文件加密等功能，保证了数据的安全性和隐私性。

（6）高可扩展性。分布式文件系统支持动态扩展存储容量，集群之外的计算机只需经过简单的配置就可以加入系统中。这使得系统可以轻松地适应不断增长的数据存储需求。

总的来说，分布式文件系统适用于大数据存储和管理、数据备份和恢复和数据共享等场合。

2. 分布式文件系统的应用场景

在实际应用中，分布式文件系统已经被广泛应用于大数据分析、云计算、互联网应用、视频存储和流媒体、科学计算和模拟、多用户共享和协作等，如图1-3所示。

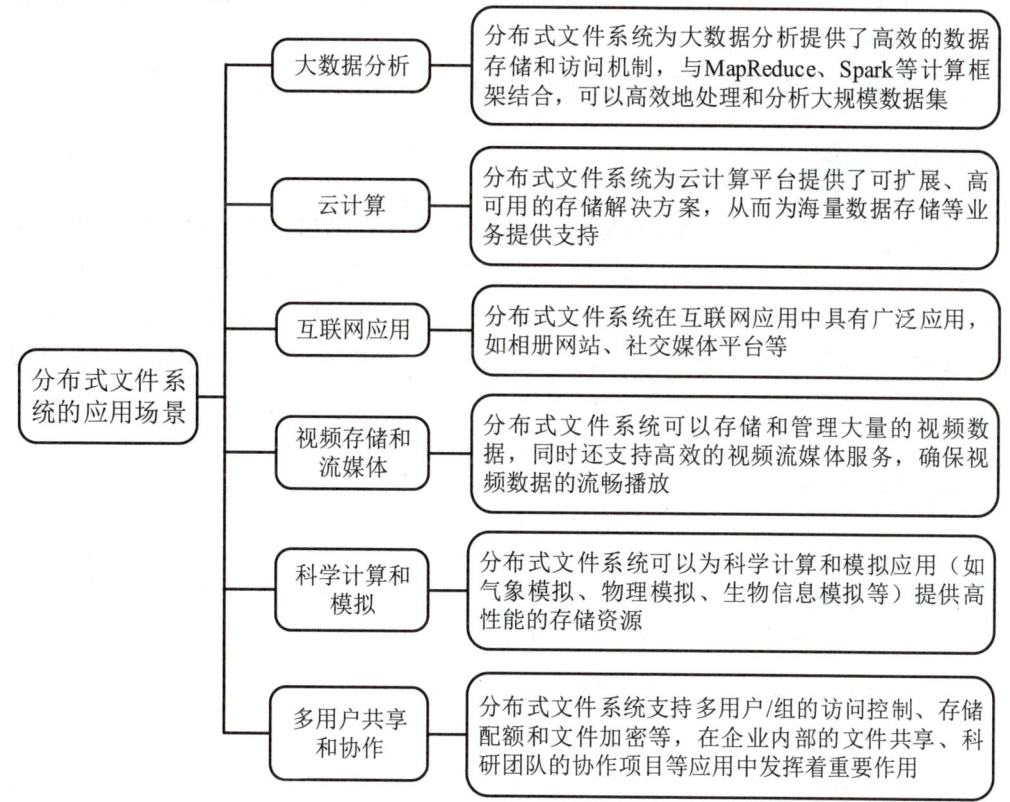

图1-3 分布式文件系统的应用场景

3. 分布式文件系统的架构

分布式文件系统架构主要由客户端、元数据服务器和数据服务器组成,如图 1-4 所示。

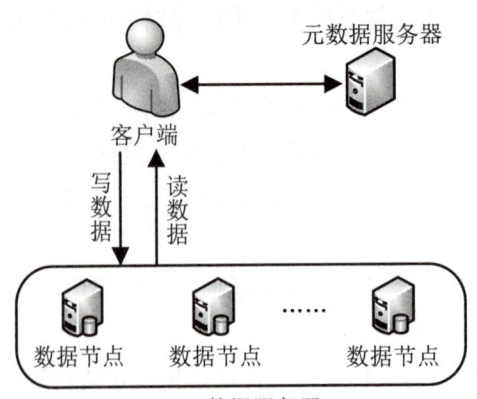

图 1-4 分布式文件系统的架构

(1)客户端。客户端是指通过网络连接到元数据服务器并向其发送请求的应用程序或计算机。客户端主要负责与分布式文件系统的各个组件(如元数据服务器、数据服务器等)进行通信,以实现数据的读取、写入和管理操作。

(2)元数据服务器。元数据服务器主要负责管理文件系统的元数据,包括文件和目录的结构、权限信息、位置信息等。

(3)数据服务器。数据服务器主要负责存储实际的文件数据。

二、HDFS 的架构

Hadoop 是一个开源的分布式存储和计算平台,旨在存储和处理大规模数据。HDFS 是 Hadoop 的分布式文件系统,用于存储大规模数据;MapReduce 是 Hadoop 的计算框架,用于并行处理大规模数据。HDFS 可以与 MapReduce、Hive、Pig 等大数据处理工具紧密集成,为复杂的数据处理和分析提供便利,使得用户能够轻松地进行大规模数据计算。因此,HDFS 是最流行的分布式文件系统之一。

> **素养之窗**
>
> 开源就是开放源代码,任何人都可以获取并使用软件的源代码。在开源社区中,来自世界各地的开发人员互相分享知识和经验,协作研发同一个项目,共同创造出高质量的软件。目前,开源已经成为软件产业的重要组成部分,广受欢迎的开源软件有 Linux 操作系统、Apache 服务器、MySQL 数据库等。
>
> 正如开源已成为软件行业的必然趋势一样,开放合作也是这个世界的必然趋势。作为大学生,更要在学好专业课的同时,强化自己的合作意识和共享精神,为科技的不断发展尽自己的一份力量。

HDFS 是一个典型的主从架构，其核心组件包括一个名称节点（NameNode）、一个第二名称节点（secondary NameNode）和若干个数据节点（DataNode），如图 1-5 所示。

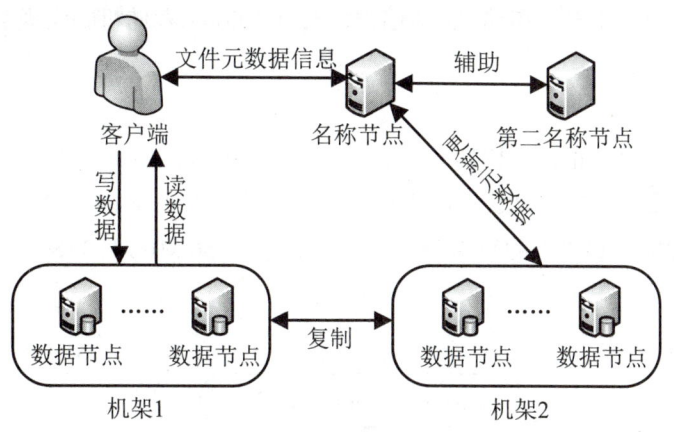

图 1-5　HDFS 的架构

（1）名称节点。名称节点又称为主节点，负责管理文件系统的命名空间，并处理客户端对文件的访问请求。名称节点存储文件系统树的结构信息及所有文件和目录的元数据，但不存储实际数据。其中，元数据包括文件的权限、创建时间、修改时间、结构和数据块的位置信息等。

高手点拨

名称节点中有两个非常重要的文件，分别为"fsimage"文件（镜像文件）和"editlog"文件（操作日志文件）。其中，"fsimage"文件中存储的是文件和目录的元数据信息；"editlog"文件中存储的是日志信息，记录了针对文件的所有操作，如创建、删除和重命名等。

（2）第二名称节点。它的主要作用是辅助名称节点，定期合并"fsimage"文件和"editlog"文件，减轻名称节点的内存压力，并在系统重启时加速恢复过程。需要注意的是，第二名称节点并不是真正意义上的名称节点，也不是名称节点的备份节点，而是名称节点的辅助者。

（3）数据节点。数据节点又称为从节点或工作节点，主要负责存储和管理数据块，并处理客户端对数据块的读写请求。为了维护文件系统的一致性和可用性，每个数据节点会周期性地向名称节点发送自己所管理的数据块列表，同时通过心跳信号（heartbeats）向名称节点报告这些数据块的状态，以便名称节点更新元数据，并确保名称节点可以获取到最新的集群状态信息。

三、HDFS 的存储原理

HDFS 通过分块（block）存储机制和副本（replication）存储机制实现数据的高效存储和确保数据的可靠性。

（1）分块存储。

HDFS 的分块存储是指将数据切分成固定大小的数据块，并将这些数据块分别存储在 HDFS 中的多个数据节点中。默认情况下，一个数据块的大小是 64 MB，用户可以根据磁盘驱动器的传输性能设置更大的数据块，但一般不超过 256 MB。HDFS 的分块存储实例如图 1-6 所示。

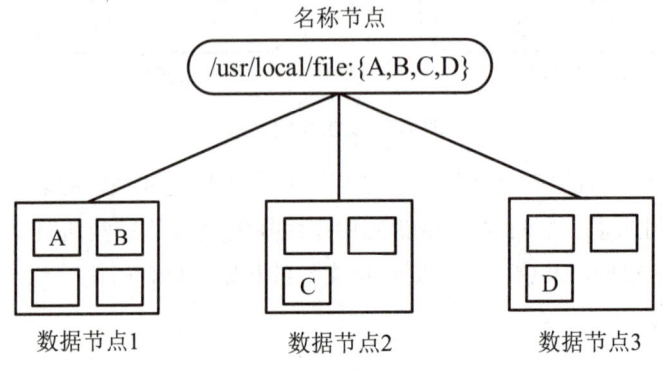

图 1-6　分块存储实例

在图 1-6 中，"/usr/local/file"表示数据在 HDFS 中的存储路径。该存储路径中的数据分为 4 个数据块（A、B、C、D），其中数据块 A 和 B 存储在数据节点 1 中，数据块 C 存储在数据节点 2 中，数据块 D 存储在数据节点 3 中。

（2）副本存储。

HDFS 的副本存储是指将数据块的副本复制到 HDFS 中的多个数据节点中。默认情况下，HDFS 中数据块的副本数为 3。HDFS 的副本存储实例如图 1-7 所示。

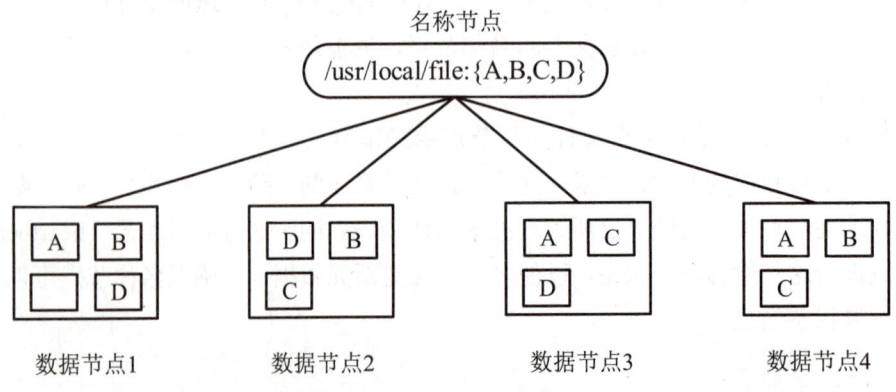

图 1-7　副本存储实例

在图 1-7 中，每个数据块的 3 个副本存储在 3 个数据节点中。其中，数据块 A 存储在数据节点 1、3 和 4 中；数据块 B 存储在数据节点 1、2 和 4 中，数据块 C 存储在数据节点 2、3 和 4 中，数据块 D 存储在数据节点 1、2 和 3 中。

任务实施

任务分析 部署 Hadoop 完全分布式集群至少需要 3 台主机，并且需要在每台主机上安装 JDK 和 Hadoop；然后修改主机的配置文件设置主机的主机名、网络和防火墙；接着设置 SSH 免密登录，确保 3 台主机可以无障碍通信；最后修改 Hadoop 的配置文件，设置 Hadoop 的配置信息。

部署 Hadoop 完全分布式集群

本书的实施操作均在虚拟机里完成，参考本书配套素材中的"前置环境的搭建"文档，安装和配置以下前置环境。

- ➢ VMware 虚拟机：VMware Workstation Pro 17.0.0。
- ➢ Linux 操作系统：Red Hat Enterprise Linux 8.7.0 64 位。

Hadoop 完全分布式集群中每个主机的详细介绍如表 1-1 所示。

表 1-1 Hadoop 完全分布式集群中每个主机的详细介绍

序 号	主机名	IP 地址/子网掩码	软 件
第一台主机	Master（名称节点/数据节点）	192.168.1.11/255.255.255.0	JDK、Hadoop
第二台主机	Worker1（数据节点）	192.168.1.12/255.255.255.0	JDK、Hadoop
第三台主机	Worker2（数据节点）	192.168.1.13/255.255.255.0	JDK、Hadoop

1. 安装 JDK 和 Hadoop

Hadoop 是基于 Java 编程语言开发的，所以在安装 Hadoop 之前需要先安装 JDK。

步骤 1 启动第一台主机的终端，执行如下命令，在"/usr/lib"目录中新建一个"jvm"文件夹，用于存放解压后的 JDK 安装文件。

```
[hadoop@localhost ~]$ cd /usr/lib        #切换到"/usr/lib"目录
[hadoop@localhost lib]$ sudo mkdir jvm   #新建"jvm"文件夹
```

步骤 2 执行如下命令，下载 JDK 8 安装文件，并将其解压到"/usr/lib/jvm"目录中。

```
[hadoop@localhost lib]$ sudo wget https://repo.huaweicloud.com/java/jdk/8u151-b12/jdk-8u151-linux-x64.tar.gz                                    #下载 JDK 8 安装文件
[hadoop@localhost lib]$ sudo tar -zxvf jdk-8u151-linux-x64.tar.gz -C /usr/lib/jvm    #解压 JDK 8 安装文件
```

步骤 3 执行如下命令，使用 Vim 编辑器打开 ".bashrc" 配置文件。

```
[hadoop@localhost lib]$ vim ~/.bashrc
```

步骤 4 按 "i" 键进入编辑模式，然后使用 "↑" 键将光标位置调整至文件首行，最后添加如下配置信息，将 JDK 的可执行文件路径添加到系统的 PATH 环境变量中，以便在任意路径下使用 Java。

```
export JAVA_HOME=/usr/lib/jvm/jdk1.8.0_151
export PATH=${JAVA_HOME}/bin:$PATH
```

步骤 5 配置信息添加完成后，按 "esc" 键退出编辑模式，然后输入 ":wq" 并按 "Enter" 键，保存配置信息并关闭配置文件。

步骤 6 执行如下命令，使配置信息生效。

```
[hadoop@localhost lib]$ source ~/.bashrc
```

步骤 7 执行如下命令，验证 JDK 是否安装成功。若能输出 JDK 的版本信息，则证明安装成功，如图 1-8 所示。

```
[hadoop@localhost lib]$ java -version
java version "1.8.0_151"
Java(TM) SE Runtime Environment (build 1.8.0_151-b12)
Java HotSpot(TM) 64-Bit Server VM (build 25.151-b12, mixed mode)
```

图 1-8 JDK 的版本信息

步骤 8 启动第一台主机的浏览器，访问 "https://archive.apache.org/dist/hadoop"，在打开的页面中单击 "common/" 链接文字；然后在打开的版本页面中单击 "hadoop-3.3.4/" 链接文字；最后在打开的页面中单击 "hadoop-3.3.4.tar.gz" 链接文字，下载 Hadoop 安装文件，如图 1-9 所示。

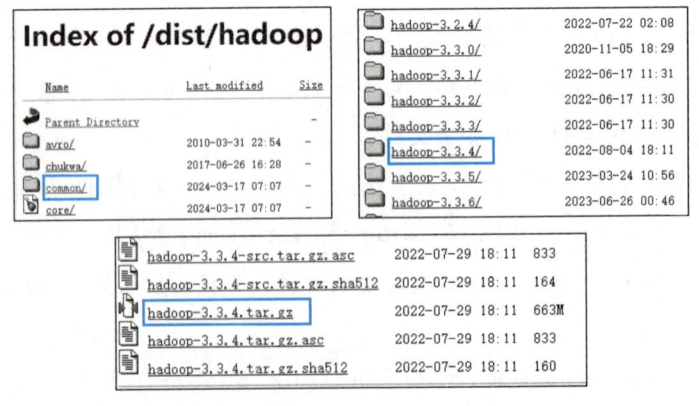

图 1-9 下载 Hadoop 安装文件

步骤 9 执行如下命令，将 Hadoop 安装文件解压到 "/usr/local" 目录中；然后将 "hadoop-3.3.4" 目录重命名为 "hadoop"，使目录名称更简洁，以便后续使用；最后将

"hadoop"目录的所有权限赋予hadoop用户，使hadoop用户有权限访问和操作"hadoop"目录中的文件。

```
#解压Hadoop安装文件
[hadoop@localhost lib]$ sudo tar -zxf ~/下载/hadoop-3.3.4.tar.gz -C /usr/local
[hadoop@localhost lib]$ cd /usr/local
#重命名
[hadoop@localhost local]$ sudo mv ./hadoop-3.3.4/ ./hadoop
#赋予权限
[hadoop@localhost local]$ sudo chown -R hadoop ./hadoop
```

步骤10 执行如下命令，打开".bashrc"配置文件；然后在文件首行添加如下配置信息，将Hadoop的可执行文件路径添加到系统的PATH环境变量中，以便在任意路径下使用Hadoop；最后保存并关闭配置文件。

```
[hadoop@localhost local]$ vim ~/.bashrc
#配置信息
export HADOOP_HOME=/usr/local/hadoop
export PATH=$PATH:$HADOOP_HOME/bin:$HADOOP_HOME/sbin
```

步骤11 执行如下命令，使配置信息生效。

```
[hadoop@localhost local]$ source ~/.bashrc
```

步骤12 执行如下命令，打开"hadoop-env.sh"配置文件；然后在文件首行添加如下配置信息，以便快速找到并使用指定版本的JDK和Hadoop的配置文件，确保Hadoop正常运行；最后保存并关闭配置文件。

```
[hadoop@localhost local]$ cd /usr/local/hadoop/etc/hadoop
[hadoop@localhost hadoop]$ vim hadoop-env.sh
#配置信息
export JAVA_HOME=/usr/lib/jvm/jdk1.8.0_151
export HADOOP_CONF_DIR=/usr/local/hadoop/etc/hadoop
```

步骤13 执行如下命令，查看Hadoop的版本信息。若能输出Hadoop的版本信息，则证明Hadoop安装成功，如图1-10所示。

```
[hadoop@localhost hadoop]$ hadoop version
```

```
[hadoop@localhost hadoop]$ hadoop version
Hadoop 3.3.4
```

图1-10　Hadoop的版本信息

步骤14 在第二台和第三台主机上重复上述操作，安装JDK和Hadoop。

> **小提示**
>
> 读者可以新建两台虚拟机并重复上述操作安装 JDK 和 Hadoop，也可以克隆安装过 JDK 和 Hadoop 的第一台主机，得到另外两台主机。

2. 设置主机的主机名、网络和防火墙

为了方便管理集群，我们需要配置 3 台主机的主机名、IP 地址、子网掩码和防火墙。

步骤 1 启动第一台主机的终端，执行如下命令，打开"hostname"配置文件；然后删除文件中的所有内容并添加如下配置信息，将主机名修改为 Master；最后保存并关闭配置文件。

```
[hadoop@localhost ~]$ sudo vim /etc/hostname
#配置信息
Master
```

步骤 2 执行如下命令，打开"ifcfg-ens160"配置文件；然后在文件末尾添加如下配置信息，设置 IP 地址和子网掩码；最后保存并关闭配置文件。

```
[hadoop@localhost ~]$ sudo vim /etc/sysconfig/network-scripts/ifcfg-ens160
#配置信息
IPADDR=192.168.1.11
NETMASK=255.255.255.0
```

步骤 3 使用同样的方法修改其余两台主机的主机名、IP 地址和子网掩码。

步骤 4 分别在 3 台主机的终端执行如下命令，打开"hosts"配置文件；然后在文件末尾添加如下配置信息，设置主机名与 IP 地址的映射关系，确保用户可以直接使用主机名访问相应的 IP 地址；最后保存并关闭配置文件。

```
[hadoop@localhost ~]$ sudo vim /etc/hosts
#配置信息
192.168.1.11   Master
192.168.1.12   Worker1
192.168.1.13   Worker2
```

> **小提示**
>
> "hosts"文件中原有的内容不要删除，然后根据自己创建的 3 台主机的主机名和 IP 地址添加配置信息。

步骤 5 重启 3 台主机。

步骤 6 启动 Master 主机的终端，执行如下命令，测试 Master 和 Worker1 主机之间的连通性，如图 1-11 所示。若出现"time="，则证明 Master 和 Worker1 主机的 IP 地址和映射关系配置成功。

```
[hadoop@Master ~]$ ping Worker1 -c 3
```

```
[hadoop@Master ~]$ ping Worker1 -c 3
PING Worker1 (192.168.1.12) 56(84) bytes of data.
64 bytes from Worker1 (192.168.1.12): icmp_seq=1 ttl=64 time=0.486 ms
64 bytes from Worker1 (192.168.1.12): icmp_seq=2 ttl=64 time=0.209 ms
64 bytes from Worker1 (192.168.1.12): icmp_seq=3 ttl=64 time=0.216 ms
```

图 1-11 测试 Master 和 Worker1 主机之间的连通性

步骤 7 使用同样的方法验证 Worker2 主机的 IP 地址和映射关系是否配置成功。

步骤 8 在 Master 主机上执行如下命令，关闭防火墙，保证 Hadoop 集群的节点之间能够相互通信。关闭防火墙的过程中，如果打开认证窗口，输入密码，然后单击"认证"按钮。

```
[hadoop@Master ~]$ systemctl stop firewalld.service
[hadoop@Master ~]$ systemctl disable firewalld.service
```

步骤 9 使用同样的方法关闭 Worker1 和 Worker2 主机的防火墙。

3. 设置 SSH 免密登录

SSH（secure shell）是一种用于计算机之间加密登录的网络协议，通过加密和身份验证保证通信的机密性、完整性和安全性。设置 SSH 免密登录可以实现远程登录、服务控制和数据传输等功能。

步骤 1 在 Master 主机上执行如下命令，设置 SSH 免密登录，以便操作主机。

```
#登录主机，登录过程中根据提示信息输入"yes"或密码
[hadoop@Master ~]$ ssh localhost
[hadoop@Master ~]$ cd ~/.ssh
#生成SSH密钥对，生成过程中根据提示信息按3次"Enter"键
[hadoop@Master.ssh]$ ssh-keygen -t rsa
#将生成的公钥添加到"authorized_keys"文件中
[hadoop@Master.ssh]$ cat ./id_rsa.pub >> ./authorized_keys
#设置"authorized_keys"文件的权限为600，保护私钥的安全性
[hadoop@Master.ssh]$ chmod 600 ~/.ssh/authorized_keys
```

步骤 2 使用同样的方法设置 Worker1 和 Worker2 主机的 SSH 免密登录。

步骤 3 在 Master 主机上执行如下命令，将 Master 主机的公钥文件复制到 Worker1

和 Worker2 主机中。复制过程中根据提示信息输入 "yes"，以及 Worker1 或 Worker2 主机的密码。

```
[hadoop@Master .ssh]$ scp ./id_rsa.pub hadoop@Worker1:/home/hadoop/
[hadoop@Master .ssh]$ scp ./id_rsa.pub hadoop@Worker2:/home/hadoop/
```

步骤 4 在 Worker1 主机上执行如下命令，将 Master 主机的公钥添加到 "authorized_keys" 文件中，以便 Master 主机免密访问 Worker1 主机。

```
[hadoop@Worker1 .ssh]$ cat /home/hadoop/id_rsa.pub >> ~/.ssh/authorized_keys
```

步骤 5 使用同样的方法在 Worker2 主机中将 Master 主机的公钥添加到 "authorized_keys" 文件中。

步骤 6 在 Master 主机上执行如下命令，访问 Worker1 主机。若不需要输入密码即可成功访问，则证明 SSH 免密登录设置成功。

```
[hadoop@Master .ssh]$ ssh Worker1
```

步骤 7 在 Master 主机上执行如下命令，退出 Worker1 主机。

```
[hadoop@Worker1 ~]$ exit
```

步骤 8 使用同样的方法验证 Master 主机能否免密访问 Worker2 主机。

4. 设置 Hadoop 的配置信息

步骤 1 在 Master 主机上执行如下命令，打开 "workers" 配置文件；然后删除文件中的所有内容并添加如下配置信息，指定 Hadoop 集群中所有的数据节点；最后保存并关闭配置文件。

```
[hadoop@Master ~]$ cd /usr/local/hadoop/etc/hadoop
[hadoop@Master hadoop]$ vim workers
#配置信息
Master
Worker1
Worker2
```

步骤 2 在 Master 主机上执行如下命令，打开 "core-site.xml" 配置文件；然后在 <configuration></configuration> 标签中添加如下配置信息；最后保存并关闭配置文件。

```
[hadoop@Master hadoop]$ gedit core-site.xml
#配置信息
```

```xml
<property>
    <!--配置Hadoop集群的默认文件系统,其中Master为名称节点的主机名-->
    <name>fs.defaultFS</name>
    <value>hdfs://Master:9000</value>
</property>
<property>
    <!--配置Hadoop的临时数据目录-->
    <name>hadoop.tmp.dir</name>
    <value>file:/usr/local/hadoop/tmp</value>
</property>
```

步骤3 在Master主机上执行如下命令,打开"hdfs-site.xml"配置文件;然后在\<configuration\>\</configuration\>标签中添加如下配置信息;最后保存并关闭配置文件。

```
[hadoop@Master hadoop]$ gedit hdfs-site.xml
#配置信息
<property>
    <!--配置SecondaryNameNode的HTTP服务地址-->
    <name>dfs.namenode.secondary.http-address</name>
    <value>Master:50090</value>
</property>
<property>
    <!--配置HDFS副本数,与数据节点的数量一致-->
    <name>dfs.replication</name>
    <value>3</value>
</property>
<property>
    <!--配置名称节点的元数据目录-->
    <name>dfs.namenode.name.dir</name>
    <value>file:/usr/local/hadoop/tmp/dfs/name</value>
</property>
<property>
    <!--配置数据节点的数据目录-->
    <name>dfs.datanode.data.dir</name>
    <value>file:/usr/local/hadoop/tmp/dfs/data</value>
</property>
```

```
<property>
    <!--配置名称节点,与"core-site.xml"配置文件中名称节点的主机名一致-->
    <name>dfs.nameservice</name>
    <value>Master</value>
</property>
<property>
    <!--配置HDFS Web 网址-->
    <name>dfs.http.address</name>
    <value>0.0.0.0:50070</value>
</property>
```

步骤 4 在 Master 主机上执行如下命令,打开"mapred-site.xml"配置文件;然后在 <configuration></configuration>标签中添加如下配置信息,设置 MapReduce 运行时使用的资源管理框架为 YARN;最后保存并关闭配置文件。

```
[hadoop@Master hadoop]$ gedit mapred-site.xml
#配置信息
<property>
    <name>mapreduce.framework.name</name>
    <value>yarn</value>
</property>
```

步骤 5 在 Master 主机上执行如下命令,打印当前 Hadoop 环境的配置路径,如图 1-12 所示。该配置路径会作为配置信息的一部分添加到"yarn-site.xml"配置文件中。

```
[hadoop@Master hadoop]$ hadoop classpath
```

```
[hadoop@Master hadoop]$ hadoop classpath
/usr/local/hadoop/etc/hadoop:/usr/local/hadoop/share/hadoop/common/lib/*:/usr/local/hadoop/share/hadoop/
common/*:/usr/local/hadoop/share/hadoop/hdfs:/usr/local/hadoop/share/hadoop/hdfs/lib/*:/usr/local/hadoop
/share/hadoop/hdfs/*:/usr/local/hadoop/share/hadoop/mapreduce/*:/usr/local/hadoop/share/hadoop/yarn:/usr
/local/hadoop/share/hadoop/yarn/lib/*:/usr/local/hadoop/share/hadoop/yarn/*
```

图 1-12 Hadoop 环境的配置路径

步骤 6 在 Master 主机上执行如下命令,打开"yarn-site.xml"配置文件;然后在 <configuration></configuration>标签中添加如下配置信息;最后保存并关闭配置文件。

```
[hadoop@Master hadoop]$ gedit yarn-site.xml
#配置信息
<property>
    <!--配置 YARN 的 ResourceManager 的地址-->
    <name>yarn.resourcemanager.hostname</name>
```

```xml
        <value>Master</value>
    </property>
    <property>
        <!--配置YARN的NodeManager的辅助服务-->
        <name>yarn.nodemanager.aux-services</name>
        <value>mapreduce_shuffle</value>
    </property>
    <property>
        <name>yarn.application.classpath</name>
        <value>/usr/local/hadoop/etc/hadoop:/usr/local/hadoop/share/hadoop/common/lib/*:/usr/local/hadoop/share/hadoop/common/*:/usr/local/hadoop/share/hadoop/hdfs:/usr/local/hadoop/share/hadoop/hdfs/lib/*:/usr/local/hadoop/share/hadoop/hdfs/*:/usr/local/hadoop/share/hadoop/mapreduce/*:/usr/local/hadoop/share/hadoop/yarn:/usr/local/hadoop/share/hadoop/yarn/lib/*:/usr/local/hadoop/share/hadoop/yarn/*</value>
    </property>
```

步骤 7 在Master主机上执行如下命令,将"/usr/local/hadoop/etc/hadoop"目录中的所有配置文件复制到Worker1和Worker2主机的相应目录中,避免重复配置操作。

```
[hadoop@Master hadoop]$ scp -r /usr/local/hadoop/etc/hadoop/* Worker1:/usr/local/hadoop/etc/hadoop/       #复制到Worker1主机中
[hadoop@Master hadoop]$ scp -r /usr/local/hadoop/etc/hadoop/* Worker2:/usr/local/hadoop/etc/hadoop/       #复制到Worker2主机中
```

步骤 8 在Master主机上执行如下命令,格式化NameNode。

```
[hadoop@Master hadoop]$ hdfs namenode -format
```

> **小提示**
>
> 格式化NameNode只需要在第一次启动HDFS之前执行一次。

步骤 9 在Master主机上执行如下命令,启动HDFS和YARN。

```
[hadoop@Master hadoop]$ start-dfs.sh
[hadoop@Master hadoop]$ start-yarn.sh
```

步骤 10 在Master主机上执行如下命令,查看进程。若显示的进程中含有NameNode、SecondaryNameNode、DataNode和NodeManager,则证明名称节点启动成功,如图1-13所示。

21

```
[hadoop@Master hadoop]$ jps
```

```
[hadoop@Master hadoop]$ jps
3888 SecondaryNameNode
3592 DataNode
19736 Jps
3433 NameNode
4297 NodeManager
4159 ResourceManager
```

图 1-13　名称节点的进程

步骤 11 在 Worker1 主机上执行如下命令,查看进程。若显示的进程中含有 DataNode、NodeManager,则证明数据节点启动成功,如图 1-14 所示。

```
[hadoop@Worker1 ~]$ jps
```

```
[hadoop@Worker1 ~]$ jps
7476 DataNode
21705 Jps
7645 NodeManager
```

图 1-14　数据节点的进程

步骤 12 启动 Master 主机的浏览器,访问 "http://Master:50070",打开 HDFS 的 Web 页面,如图 1-15 所示。

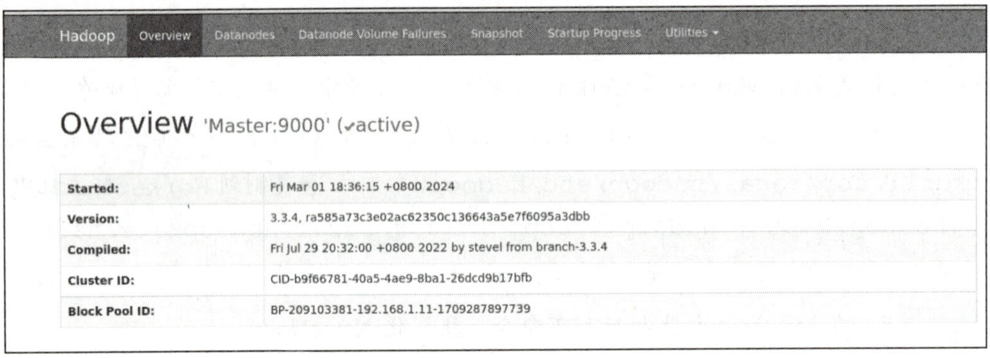

图 1-15　HDFS 的 Web 页面

项目实训

1. 实训目标

(1)熟练使用 HDFS 的相关命令操作文件。

(2)掌握在 HDFS Web 页面中操作文件的方法。

2. 实训内容

(1)使用 HDFS 的相关命令创建目录、上传文件、查看文件列表、下载文件、删除目录和文件。

① 启动 Master 主机的终端，执行如下命令，在 HDFS 中创建"hdfs_test"目录。

```
hdfs dfs -mkdir /hdfs_test
```

② 执行如下命令，将本地文件系统中的"/usr/local/hadoop/README.txt"文件上传至 HDFS 中的"hdfs_test"目录。

```
hdfs dfs -put /usr/local/hadoop/README.txt /hdfs_test
```

③ 执行如下命令，查看 HDFS 中"hdfs_test"目录的文件列表。

```
hdfs dfs -ls /hdfs_test
```

④ 执行如下命令，将上传的文件下载到本地文件系统的"~/下载"目录中。

```
hdfs dfs -get /hdfs_test/README.txt ~/下载
```

⑤ 执行如下命令，删除 HDFS 中的"hdfs_test"目录。

```
hdfs dfs -rm -r /hdfs_test
```

（2）在 HDFS Web 页面中创建目录、上传文件、查看目录结构、下载文件、删除目录和文件。

① 打开 HDFS Web 页面，选择"Utilities"/"Browse the file system"选项可以查看 HDFS 中的文件及目录，如图 1-16 所示。

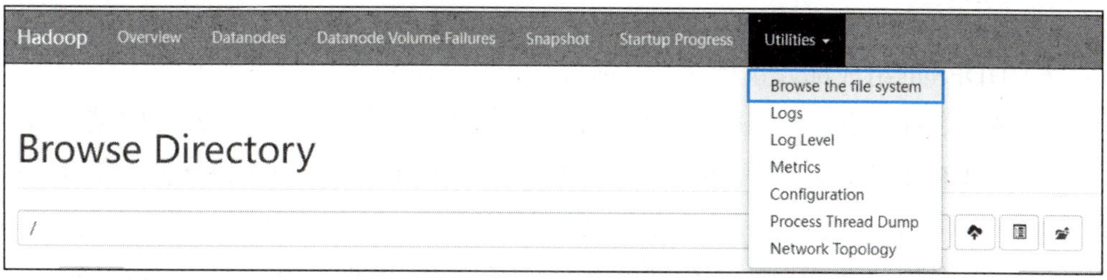

图 1-16 查看 HDFS 中的文件及目录

② 单击对应的按钮即可创建目录、上传文件、查看目录结构、剪切和复制文件、删除文件等，如图 1-17 所示。

图 1-17 HDFS Web 中操作文件的页面

项目考核

1. 选择题

（1）大数据的特征不包括（　　）。
　　A．数据规模大　　　　　　　　B．数据类型单一
　　C．数据价值密度低　　　　　　D．数据处理速度快

（2）在大数据技术体系中，（　　）层用于存储和管理数据。
　　A．数据采集　　B．数据可视化　　C．数据计算　　D．数据存储

（3）以下不属于大数据存储技术的是（　　）。
　　A．分布式文件系统　　　　　　B．NoSQL 数据库
　　C．NewSQL 数据库　　　　　　D．层次数据管理系统

（4）NoSQL 数据库的分类不包括（　　）。
　　A．键值数据库　　B．列式数据库　　C．文件数据库　　D．图数据库

（5）分布式文件系统的特点不包括（　　）。
　　A．不可伸缩性　　B．分布性　　C．安全性　　D．高可用性

（6）HDFS 的组成部分包括（　　）。
　　A．名称节点　　B．数据节点　　C．第二名称节点　　D．以上都是

（7）在 HDFS 中，（　　）负责管理文件系统的命名空间，并处理客户端对文件的访问请求。
　　A．名称节点　　B．数据节点　　C．第二名称节点　　D．数据块

2. 判断题

（1）大数据不仅包括传统的结构化数据，还包括非结构化数据和半结构化数据。
（　　）

（2）关系型数据库通常无法满足高并发读写需求。（　　）

（3）NewSQL 数据库具有 NoSQL 数据库对海量数据的存储和管理能力，但不支持 ACID 特性。（　　）

（4）第二名称节点可以接替名称节点的工作。（　　）

（5）HDFS 中的数据通常切分成固定大小的数据块，这些数据块会分别存储在 HDFS 中的多个数据节点中。（　　）

3. 简答题

（1）简述大数据的概念和特征。
（2）简述大数据存储技术的分类。
（3）简述 HDFS 架构的组成部分。

项目评价

请学生结合本项目的学习情况，对学习成果进行自评和互评（组内成员相互评分），请指导教师进行师评和总评，并将评价结果填入表 1-2 中。

表 1-2　学习成果评价表

评价项目	评价内容	评价分数			
		分值	自评	互评	师评
任务完成度（20%）	任务准备阶段，回答问题清晰准确，紧扣主题，没有明显错误	5 分			
	任务实施阶段，根据操作步骤完成本任务	5 分			
	项目实训阶段，出色地完成实训内容	5 分			
	项目考核阶段，完成考核题目	5 分			
知识（35%）	大数据的特征和技术体系	5 分			
	大数据存储技术的发展历程和分类	10 分			
	分布式文件系统的特点、应用场景和架构	10 分			
	HDFS 的架构和存储原理	10 分			
技能（35%）	根据大数据存储相关岗位的要求制订具有针对性的学习计划	15 分			
	部署 Hadoop 完全分布式集群	20 分			
素养（10%）	具有自主学习意识，做好课前准备	5 分			
	脚踏实地，扎实掌握基本理论知识	5 分			
合计		100 分			
总评	综合得分：_____ 综合等级：_____	指导教师签字：_____			

注：综合得分可按照"自评（25%）+互评（25%）+师评（50%）"进行计算；综合等级可以"优"（综合得分≥90 分）、"良"（80 分≤综合得分＜90 分）、"中"（60 分≤综合得分＜80 分）、"差"（综合得分＜60 分）为标准进行评价。

项目二

数据仓库 Hive

项目导读

数据仓库在整合数据、提高数据质量、支持实时决策和实现业务分析等方面发挥着重要作用。Hive 是一个基于 Hadoop 生态系统的数据仓库工具,它能够有效处理大规模数据集,常用于构建数据仓库、处理和分析数据等。

本项目将介绍数据仓库和 Hive 的相关知识,采用远程模式部署 Hive,构建网站流量数据仓库,操作网站流量数据。

项目目标

知识目标

- ✓ 熟悉数据仓库的特点、应用场景和分层架构。
- ✓ 熟悉 Hive 的架构、存储结构和表的存储格式。
- ✓ 掌握 Hive 中数据库和表的基本操作。
- ✓ 掌握 Hive 中导入数据、查询数据和导出数据的基本操作。

技能目标

- ✓ 能采用远程模式部署 Hive。
- ✓ 能根据业务需求合理设计并构建数据仓库。
- ✓ 能有效操作业务中的数据,包括向数据仓库导入数据、查询数据和导出数据等。

素养目标

- ✓ 增强遵守规则的意识,养成按规矩行事的习惯。
- ✓ 学习共享精神,实现资源的共同利用,从而推动社会的共同进步和繁荣。

项目二　数据仓库 Hive

任务一　采用远程模式部署 Hive

任务描述

Hive 支持 3 种部署模式，分别为内嵌模式、本地模式和远程模式。在实际开发中，通常采用远程模式部署 Hive。采用这种模式部署 Hive 时，需要配置 Hive 的服务端和客户端。服务端通常将元数据存储在 MySQL 数据库中，并通过 HiveServer2 服务管理元数据、处理来自客户端的用户请求、执行查询并返回结果。客户端通过 Beeline 工具与 Hive 服务端进行交互，允许用户编写并提交查询语句到服务端执行。

采用远程模式部署 Hive 之前，我们先来学习一下数据仓库的特点、应用场景和分层架构，以及 Hive 的架构、存储结构和表的存储格式。

任务准备

全班学生以 3~5 人为一组，各组选出组长。组长组织组员扫码观看"Hive 和关系型数据库的异同"视频，讨论并回答下列问题。

问题 1：简述 Hive 和关系型数据库中数据类型的异同。

Hive 和关系型数据库的异同

问题 2：简述 Hive 和关系型数据库中表存储格式的异同。

一、数据仓库概述

数据仓库是企业决策支持系统中不可或缺的一部分，它为企业提供了一个集中管理数据的平台，用于存储历史数据、进行复杂的查询和分析，从而帮助企业做出更明智的商业决策。

1. 数据仓库的特点

数据仓库的特点主要体现在以下几个方面。

（1）主题性。数据仓库是针对企业的某个特定主题或问题而设计的，其中的数据是按照主题进行组织和存储的。主题是一个抽象概念，每个主题通常对应一个或多个表，这

27

些表包含与主题相关的数据。

（2）集成性。数据仓库可以从多个数据源中获取数据，并将数据集成到一个统一的数据模型中，以确保数据的一致性和准确性。

（3）稳定性。数据仓库中的数据一般以只读格式保存，不可以修改，以确保数据的完整性和稳定性。

（4）历史性。数据仓库中的数据通常包含历史信息，可以对企业的发展历程和未来趋势做出定量分析和预测。

数据仓库适用于数据整合、数据存储、数据频繁读取、复杂数据查询、商业智能分析和历史数据存档与分析等场合。

2．数据仓库的应用场景

在实际应用中，数据仓库已经广泛应用于电子商务、电信行业、物联网、企业数据分析、供应链管理等，如图 2-1 所示。

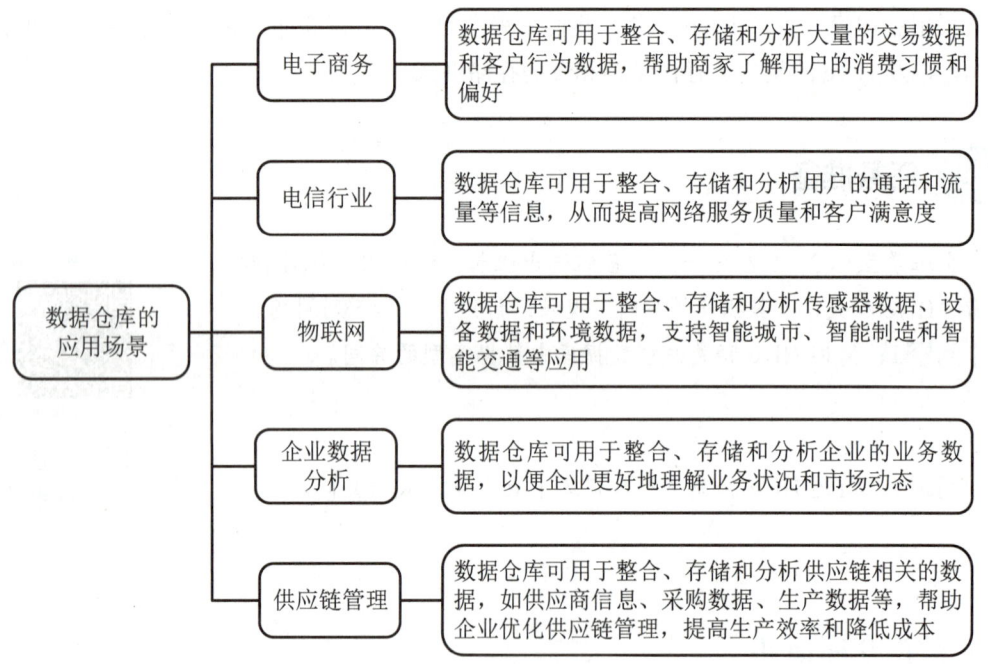

图 2-1　数据仓库的应用场景

3．数据仓库分层架构

数据仓库分层是一种用于管理数据仓库的方法，它能将数据仓库划分为多个逻辑层次。每个层次都有特定的功能和作用，不同层次的数据具有不同的组织、存储和管理方式。

数据仓库分层架构通常包括 3 层，分别为源数据层、数据仓库层和数据应用层，如图 2-2 所示。

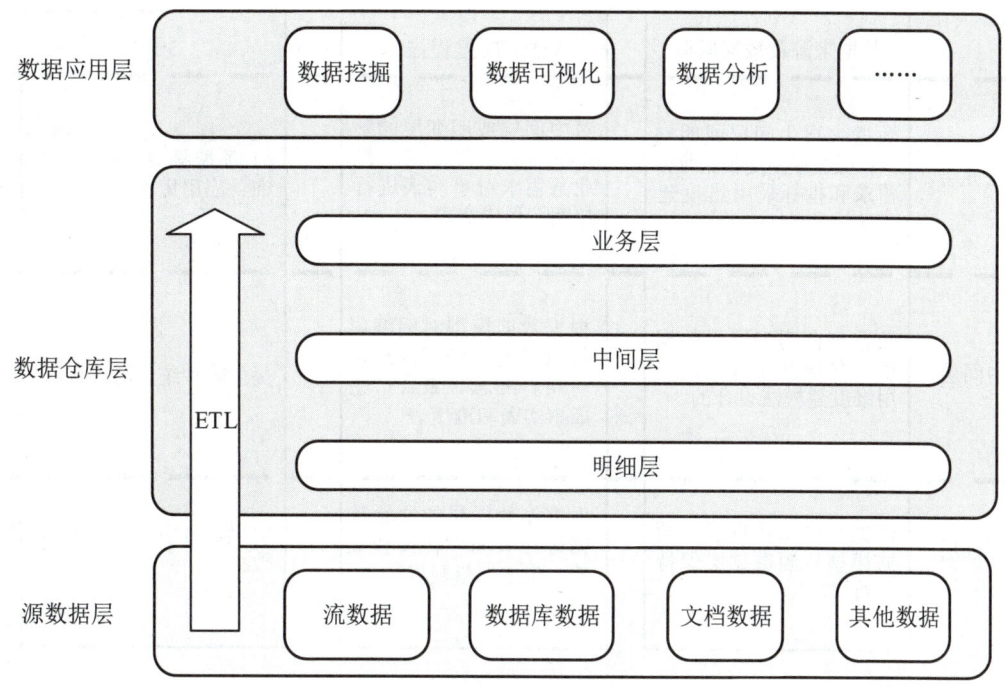

图 2-2　数据仓库分层架构

（1）源数据层。源数据层又称 ODS（operation data store）层，主要用于保存原始数据，完成数据积存。源数据层通常采用 ETL 工具为数据仓库提供数据，使源数据和数据仓库之间保持数据同步。该层的数据通常保存在磁盘中，即使计算机突然停机或崩溃，数据也不会丢失。

高手点拨

> ETL（extract-transform-load）工具是用于提取、转换和加载数据的软件工具。ETL 工具能够从各种数据源中提取数据；然后转换和整理提取到的数据；最后将数据加载到目标数据仓库或数据分析平台。

（2）数据仓库层。数据仓库层又称 DW（data warehouse）层，存储的数据是对源数据层中数据的轻度汇总，即按照一定的主题汇总的数据。数据仓库层可以继续划分为明细（data warehouse detail, DWD）层、中间（data warehouse middle, DWM）层和业务（data warehouse service, DWS）层，每层的详细介绍如图 2-3 所示。

数据来源及数据模型	数据ETL过程描述	用途
业务层	数据来自中间层或明细层；数据模型是根据业务需求和指标采用维度建模法设计的	对中间层或明细层的数据进行粗粒度汇总，按业务需求对事实表进行拉宽，形成宽表	数据挖掘、自定义查询、应用集市
中间层	数据来自明细层；数据模型是根据业务主题采用维度建模法设计的	根据数据模型对明细层的数据进行轻度清洗、转换、汇总、聚合，生成事实表和维度表	提供各种统计汇总数据
明细层	数据来自源数据层；数据模型与源数据层保持一致	根据源数据层的原始数据进行清洗、转换和加载，生成全量数据	提供各业务主题的明细数据

图 2-3　数据仓库层的详细介绍

高手点拨

① 指标是用于分析、衡量和评估业务性能的度量值。在销售业务分析中，可以将指标设置为销售量、销售额、销售增长率等，以便从不同的角度分析业务数据。

② 粒度是指数据在数据仓库中的组织层次和细节程度。在销售业务分析中，可以对数据进行细粒度汇总，如日销售额；也可以对数据进行粗粒度汇总，如月销售额。

③ 维度是对业务过程中的某方面进行描述的属性集合。在销售业务分析中，可以从时间、地点、产品和客户等维度描述订单。

④ 维度建模法是数据仓库构建过程中常用的一种逻辑设计手段，它通过维度表和事实表设计数据模型。其中，事实表用于存储业务指标，维度表用于描述事实表的维度。

在实际应用中，用户可以根据业务需求省略中间层，直接从明细层读取数据并计算宽表的指标，然后将宽表存放在业务层。

（3）数据应用层。数据应用层又称 DA（data application）层，用于为数据挖掘、数据可视化、数据分析等实际业务场景提供数据。数据应用层的数据通常来源于数据仓库层。

二、Hive 的架构

Hive 是开源的数据仓库工具，它提供了一种类似于 SQL（structured query language）的查询语言（HiveQL），用于管理和查询大规模数据。Hive 的架构如图 2-4 所示。

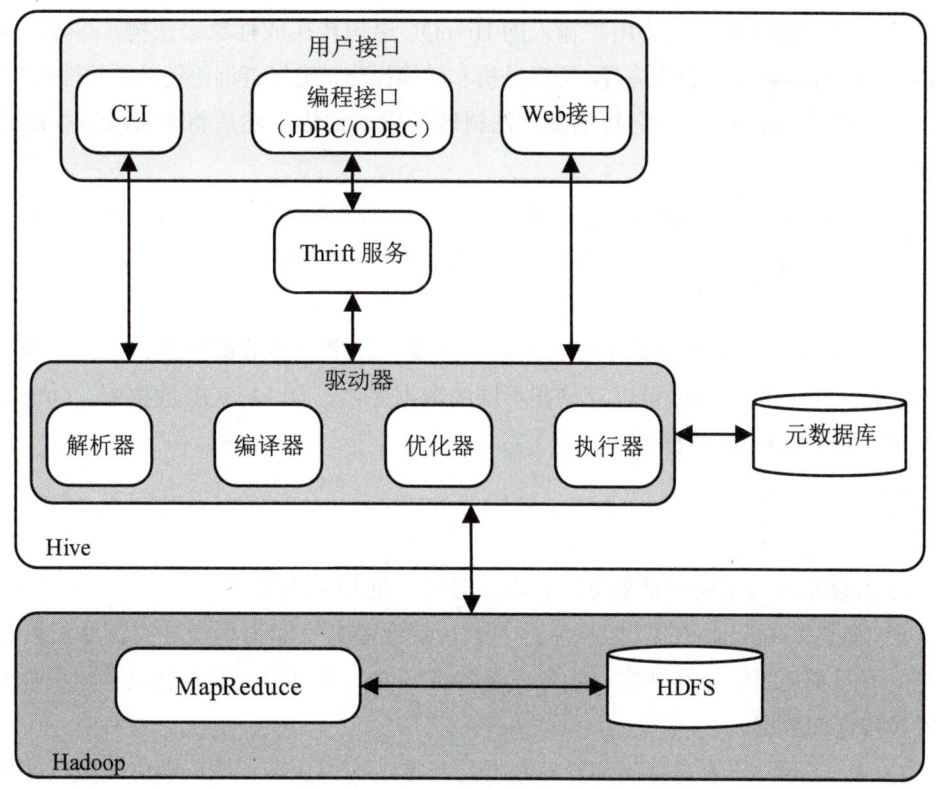

图 2-4　Hive 的架构

其中，Hive 使用 Hadoop 底层的 HDFS 存储数据，使用 MapReduce 实现分布式计算。Hive 由用户接口、Thrift 服务、驱动器和元数据库等组件组成。

（1）用户接口（user interface）。Hive 提供了 CLI、编程接口（如 JDBC、ODBC）和 Web 接口等用户接口。通过用户接口，用户可以执行查询数据、管理表和管理数据库等操作。

> **高手点拨**
>
> CLI（command-line interface）是命令行界面，用户可以在该界面上输入命令或语句与计算机进行交互。
>
> JDBC（Java database connectivity）和 ODBC（open database connectivity）是用于连接数据库和进行数据库交互的两种标准接口。通过这些标准接口，用户可以使用多种编程语言（如 Java、Python、R 等）访问 Hive。

（2）Thrift 服务。Thrift 服务提供了访问服务，允许用户使用不同的编程语言调用 Hive 接口。

（3）驱动器（Driver）。驱动器用于完成 HiveQL 语句的解析、编译、优化和 MapReduce 任务的生成。

① 解析器（parser）。它将用户输入的 HiveQL 语句转换成抽象语法树（abstract syntax tree, AST）。解析器会进行语法检查、语义分析和转换操作，确保查询语句的正确性和合法性。

② 编译器（compiler）。它将抽象语法树转换成查询块，然后将查询块转换成逻辑执行计划。

③ 优化器（query optimizer）。它对逻辑执行计划进行优化，提高查询的性能。

④ 执行器（execution）。它将优化后的逻辑执行计划转换成物理执行计划（一系列 MapReduce 任务）。

（4）元数据库。元数据库中含有表名、字段名、字段的数据类型、分区、表的存储位置等信息。Hive 的元数据可以存储在不同的数据库中，如 MySQL 数据库、Oracle 数据库和 Hive 内置的 Derby 数据库等。

三、Hive 的存储结构

Hive 的存储结构主要包括数据库、表、分区、桶和字段等。

（1）数据库（database）。数据库是一个目录或命名空间，用于分类存储表。它不仅可以避免不同表之间的命名冲突，确保表名的唯一性；还可以分类存储具有相关性的表，以便管理和查询数据。

（2）表（table）。表是存储和管理数据的基本结构。表名、表的存储位置、字段名、字段的数据类型等元数据存储在元数据库中；表中的实际数据存储在对应的 HDFS 目录中，这些目录会在创建表时自动创建，并以表名命名。

（3）分区（partition）。在 Hive 中，可以根据一个或多个分区字段的值对表中数据进行分区存储，每个分区都对应一个子目录，每个分区的数据存储在相应的子目录中。

（4）桶（bucket）。在 Hive 中，可以根据一个或多个分桶字段的哈希值将表中数据分别存储在固定数量的桶中。

（5）字段。字段是指表中的一个列，用于存储一种特定类型的数据。字段的数据类型包括基本数据类型和复杂数据类型。其中，基本数据类型与传统关系型数据库的数据类型类似，包括数值类型、日期/时间类型、字符串类型和布尔类型等；复杂数据类型包括数组（ARRAY）、映射（MAP）和结构体（STRUCT）。

四、Hive 表的存储格式

在 Hive 中，常用的表存储格式包括 TextFile、SequenceFile、ORC（optimized row columnar）和 Parquet 等，它们的详细介绍如表 2-1 所示。

表 2-1 常用的表存储格式

表存储格式	描述	存储方式	适用场景
TextFile	以文本形式存储数据，每行数据都以换行符分隔。创建 Hive 表时，默认使用该存储格式存储表中数据	行式存储	适用于存储和处理简单的非结构化文本数据
SequenceFile	二进制文件格式，将键值对序列化后按顺序存储	行式存储	适用于顺序读写大规模数据
ORC	存储大规模数据的文件格式	列式存储	适用于存储和分析大规模数据。查询过程中访问少量字段时性能较好
Parquet	针对分析型系统的高性能文件格式	列式存储	适用于存储和分析大规模数据。执行并行查询、字段裁剪等操作时性能较好

任务实施

任务分析 Hive 的运行离不开 Hadoop 集群环境，因此本书在 Hadoop 完全分布式集群中采用远程模式部署 Hive。采用远程模式部署 Hive 需要配置 Hive 的服务端和客户端，然后验证 Hive 是否配置成功。

采用远程模式部署 Hive

1. 配置 Hive 的服务端

本书将 Worker1 主机作为 Hive 的服务端，服务端需要安装 Hive 和 MySQL，并配置 MySQL 保存 Hive 元数据。

（1）安装 Hive。

步骤 1 启动 Worker1 主机的浏览器，访问 Hive 的官方网站（https://hive.apache.org），在首页中选择"Release"/"Release"选项；然后在打开的下载页面中单击"Download a release now!"链接文字；接着在打开的页面中单击"https://dlcdn.apache.org/hive/"链接文字；接着在打开的版本页面中单击"hive-3.1.3/"链接文字；最后在打开的下载页面中单击"apache-hive-3.1.3-bin.tar.gz"链接文字，下载 Hive 安装文件，如图 2-5 所示。

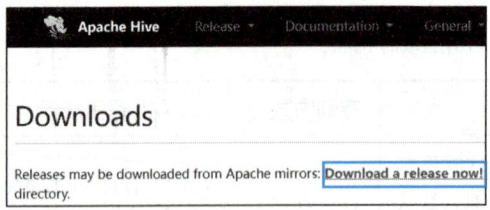

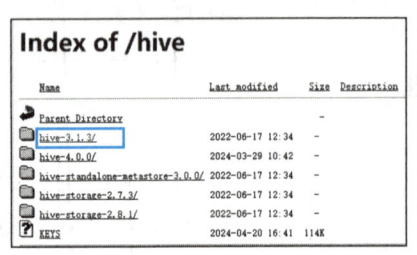
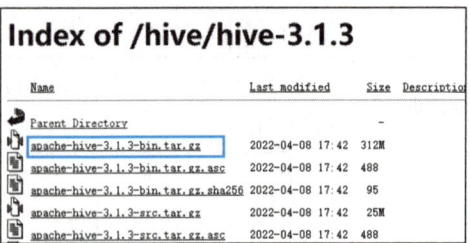

图 2-5 下载 Hive 安装文件

步骤 2 启动 Worker1 主机的终端，执行如下命令，将 Hive 安装文件解压到"/usr/local"目录中；然后将"apache-hive-3.1.3-bin"目录重命名为"hive"；最后将该目录的所有权限赋予 hadoop 用户，使 hadoop 用户有权限访问和操作"hive"目录中的文件。

```
[hadoop@Worker1 ~]$ sudo tar -zxf ~/下载/apache-hive-3.1.3-bin.tar.gz -C /usr/local
[hadoop@Worker1 ~]$ sudo mv /usr/local/apache-hive-3.1.3-bin /usr/local/hive
[hadoop@Worker1 ~]$ sudo chown -R hadoop /usr/local/hive
```

步骤 3 执行如下命令，打开".bashrc"配置文件；然后在文件首行添加如下配置信息，将 Hive 的可执行文件路径添加到系统的 PATH 环境变量中，以便在任意路径下使用 Hive；最后保存并关闭配置文件。

```
[hadoop@Worker1 ~]$ sudo vim ~/.bashrc
#配置信息
export HIVE_HOME=/usr/local/hive
export PATH=$PATH:$HIVE_HOME/bin
```

步骤 4 执行如下命令，使配置信息生效。

```
[hadoop@Worker1 ~]$ source ~/.bashrc
```

步骤 5 执行如下命令，复制 Hive 安装目录中自带的"hive-env.sh.template"配置文件，并将其重命名为"hive-env.sh"。

```
[hadoop@Worker1 ~]$ cd /usr/local/hive
[hadoop@Worker1 hive]$ sudo cp ./conf/hive-env.sh.template ./conf/hive-env.sh
```

项目二　数据仓库 Hive

步骤 6 执行如下命令，打开"hive-env.sh"配置文件；然后在文件首行添加如下配置信息，以便 Hive 与 Hadoop 进行交互；最后保存并关闭配置文件。

```
[hadoop@Worker1 hive]$ sudo vim ./conf/hive-env.sh
#配置信息
export HADOOP_HOME=/usr/local/hadoop
export HIVE_CONF_DIR=/usr/local/hive/conf
```

（2）安装 MySQL。

步骤 1 启动 Worker1 主机的浏览器，访问"https://downloads.mysql.com/archives/c-j/"，在打开的页面中选择产品版本、操作系统和操作系统版本；然后单击"Download"按钮，下载 MySQL 驱动程序文件，如图 2-6 所示。

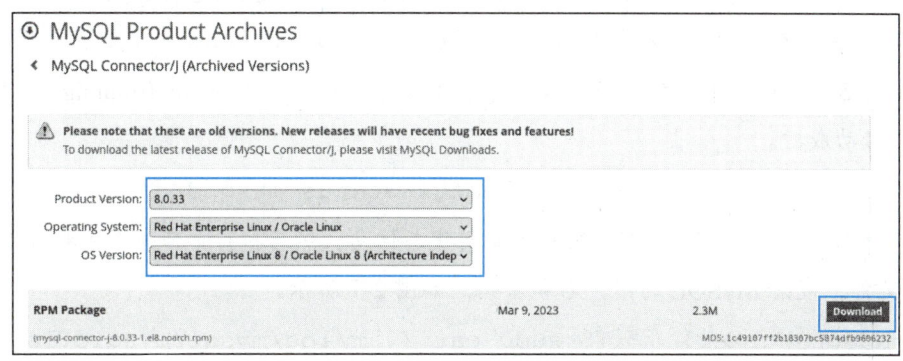

图 2-6　下载 MySQL 驱动程序文件

> **小　提　示**
>
> MySQL 驱动程序文件需要根据个人安装的虚拟机镜像文件进行选择。例如，本书安装的是 Red Hat 8.7.0 版本，则选择对应的操作系统 Red Hat Enterprise Linux / Oracle Linux 和版本 Red Hat Enterprise Linux 8 /Oracle Linux 8。

步骤 2 执行如下命令，将下载的 MySQL 驱动程序文件解压并安装到"~/下载"目录中。

```
[hadoop@Worker1 hive]$ cd ~/下载
[hadoop@Worker1 下载]$ sudo rpm2cpio ~/下载/mysql-connector-j-8.0.33-1.el8.noarch.rpm | cpio -idmv
```

步骤 3 执行如下命令，安装 MySQL 服务器端。安装过程中根据提示信息输入"y"。

```
[hadoop@Worker1 下载]$ sudo yum install mysql-server
```

> **小提示**
>
> 如果使用 yum 命令安装 MySQL 服务器端时出现"没有被启用的仓库"错误,读者可以参考本书配套素材中的"前置环境的搭建"文档挂载光盘镜像即可。

步骤 4 执行如下命令,启动 MySQL 并设置开机自动启动,确保系统重启后,MySQL 服务可以自动启动,从而保证 MySQL 可以正常存储 Hive 元数据。设置过程中根据提示信息输入 Worker1 主机的密码。

[hadoop@Worker1 下载]$ sudo systemctl start mysqld #启动 MySQL
#设置开机自动启动
[hadoop@Worker1 下载]$ sudo systemctl enable mysqld
[hadoop@Worker1 下载]$ systemctl daemon-reload

步骤 5 执行如下命令,查看 MySQL 的状态。若出现"active (running)",则证明 MySQL 启动成功。

[hadoop@Worker1 下载]$ systemctl status mysqld

步骤 6 按"Ctrl+Shift+Z"组合键关闭状态信息;然后执行如下命令,打开 MySQL 的日志文件,查看 MySQL 的用户名和密码,如图 2-7 所示。

[hadoop@Worker1 下载]$ sudo cat /var/log/mysql/mysqld.log

```
2023-09-08T02:51:43.102516Z 0 [Warning] [MY-010918] [Server] 'default_authentication_plugin' is deprecated and will be removed in a future release. Please use authentication_policy instead.
2023-09-08T02:51:43.102522Z 0 [System] [MY-013169] [Server] /usr/libexec/mysqld (mysqld 8.0.30) initializing of server in progress as process 37328
2023-09-08T02:51:43.109940Z 1 [System] [MY-013576] [InnoDB] InnoDB initialization has started.
2023-09-08T02:51:43.468848Z 1 [System] [MY-013577] [InnoDB] InnoDB initialization has ended.
2023-09-08T02:51:44.226490Z 6 [Warning] [MY-010453] [Server] root@localhost is created with an empty password! Please consider switching off the --initialize-insecure option.
2023-09-08T02:51:46.943425Z 0 [Warning] [MY-010918] [Server] 'default_authentication_plugin' is deprecated and will be removed in a future release. Please use authentication_policy instead.
```

图 2-7 查看 MySQL 的用户名和密码

> **高手点拨**
>
> 日志文件一般存放在"/var/log"目录中,在该目录中可以找到 MySQL 的日志文件(mysqld.log)。MySQL 的日志文件中包含 MySQL 的用户名和密码等信息,从图 2-7 中可以看出 MySQL 的用户名为"root",主机名为"localhost",密码为空。

步骤 7 执行如下命令,登录 MySQL,出现"mysql>"命令提示符,如图 2-8 所示。

[hadoop@Worker1 下载]$ mysql -h localhost -u root

```
Type 'help;' or '\h' for help. Type '\c' to clear the current input statement.
mysql>
```

图 2-8　登录 MySQL

步骤 8　执行如下语句，修改 MySQL 的登录密码；然后退出 MySQL。

```
mysql> ALTER USER 'root'@'localhost' IDENTIFIED BY '123456';
mysql> QUIT;
```

步骤 9　执行如下命令和语句，登录 MySQL；然后修改 MySQL 用户 root 的权限，允许该用户从任何主机上连接 MySQL，以便 Worker2 主机远程登录 MySQL；最后退出 MySQL。

```
[hadoop@Worker1 下载]$ mysql -u root -p
#切换至数据库mysql，该数据库中包含MySQL的用户及其权限信息
mysql> USE mysql;
#设置root用户可以从任何主机连接到MySQL数据库
mysql> UPDATE user SET host="%" WHERE user="root";
mysql> FLUSH PRIVILEGES;    #刷新MySQL的权限表，使权限更改立即生效
mysql> EXIT;                #退出MySQL
```

（3）配置 MySQL 保存 Hive 元数据。

步骤 1　执行如下命令，将解压的 MySQL 驱动程序文件复制到"/usr/local/hive/lib"目录中。

```
[hadoop@Worker1 下载]$ cp ~/下载/usr/share/java/mysql-connector-j.jar /usr/local/hive/lib
```

步骤 2　执行如下命令，创建并打开"hive-site.xml"配置文件；然后在文件中添加如下配置信息，以便 Hive 与 MySQL 进行交互；最后保存并关闭配置文件。

```
#创建并打开配置文件
[hadoop@Worker1 下载]$ sudo vim /usr/local/hive/conf/hive-site.xml
#配置信息
<?xml version="1.0" encoding="UTF-8" standalone="no"?>
<?xml-stylesheet type="text/xsl" href="configuration.xsl"?>
<configuration>
    <property>
        <!--配置JDBC连接地址，并创建名为hive的数据库，用于存储元数据信息-->
        <name>javax.jdo.option.ConnectionURL</name>
        <value>jdbc:mysql://localhost:3306/hive?createDatabaseIfNotExist
```

```xml
=true</value>
        </property>
        <property>
            <!--配置 JDBC 驱动-->
            <name>javax.jdo.option.ConnectionDriverName</name>
            <value>com.mysql.cj.jdbc.Driver</value>
        </property>
        <property>
            <!--配置连接 MySQL 的用户名-->
            <name>javax.jdo.option.ConnectionUserName</name>
            <value>root</value>
        </property>
        <property>
            <!--配置连接 MySQL 的密码-->
            <name>javax.jdo.option.ConnectionPassword</name>
            <value>123456</value>
        </property>
        <property>
            <name>hive.metastore.schema.verification</name>
            <value>false</value>
        </property>
</configuration>
```

步骤 3 执行如下命令,初始化 MySQL,保证 Hive 能够将元数据存储在 MySQL 中,并且能够访问和管理这些元数据。若出现"schemaTool completed",则证明初始化成功。

```
[hadoop@Worker1 下载]$ schematool -initSchema -dbType mysql
```

2. 配置 Hive 的客户端

本书将 Worker2 主机作为 Hive 的客户端,客户端只需要安装 Hive。

步骤 1 在 Worker2 主机上安装 Hive。

步骤 2 启动 Worker2 主机的终端,执行如下命令,新建并打开"hive-site.xml"配置文件;然后在文件中添加如下配置信息,配置 Hive 的元数据服务;最后保存并关闭配置文件。

```
[hadoop@Worker2 ~]$ sudo vim /usr/local/hive/conf/hive-site.xml
#配置信息
```

```xml
<?xml version="1.0" encoding="UTF-8" standalone="no"?>
<?xml-stylesheet type="text/xsl" href="configuration.xsl"?>
<configuration>
    <property>
        <!--指定Hive不开启本地模式,否则会默认使用本地元数据服务-->
        <name>hive.metastore.local</name>
        <value>false</value>
    </property>
    <property>
        <!--配置元数据服务地址,Worker1即为服务端的主机名-->
        <name>hive.metastore.uris</name>
        <value>thrift://Worker1:9083</value>
    </property>
</configuration>
```

3. 验证Hive是否部署成功

验证Hive是否部署成功,首先需要在Worker1主机上启动HiveServer2服务;然后在Worker2主机上启动Beeline工具远程连接Worker1主机的HiveServer2服务。

步骤1 在Master主机上执行如下命令,打开"core-site.xml"配置文件;然后在<configuration></configuration>标签中添加如下配置信息,设置所有用户可以代理hadoop用户,保证代理用户能够以hadoop用户的身份执行相关操作;最后保存并关闭配置文件。

```
[hadoop@Master ~]$ cd /usr/local/hadoop/etc/hadoop
[hadoop@Master hadoop]$ gedit core-site.xml
#配置信息
<property>
    <name>hadoop.proxyuser.hadoop.hosts</name>
    <value>*</value>
</property>
<property>
    <name>hadoop.proxyuser.hadoop.groups</name>
    <value>*</value>
</property>
```

步骤2 使用同样方法,在Worker1和Worker2主机的"core-site.xml"配置文件中添加配置信息,设置所有用户可以代理hadoop用户。

高手点拨

后续操作中，Worker2 主机需要远程访问 Worker1 主机，因此要设置用户的访问权限，允许 Worker2 主机访问 Worker1 主机，并能够以 hadoop 用户的身份执行相关操作。实际操作中，读者只需要根据自己的用户名修改 hadoop.proxyuser.<用户名>.hosts 和 hadoop.proxyuser.<用户名>.groups 中的<用户名>。

步骤 3 在 Master 主机上执行如下命令，启动 HDFS 和 YARN。

```
[hadoop@Master hadoop]$ start-dfs.sh
[hadoop@Master hadoop]$ start-yarn.sh
```

小提示

如果 HDFS 处于启动状态，则应该先执行"stop-all.sh"命令关闭 HDFS 和 YARN，再重新启动 HDFS 和 YARN。

步骤 4 在 Worker1 主机上执行如下命令，启动 HiveServer2 服务。

```
[hadoop@Worker1 hadoop]$ hiveserver2
```

高手点拨

按 "Ctrl+Shift+Z" 组合键可以关闭 HiveServer2 服务。

步骤 5 在 Worker1 主机上启动一个新的终端，执行如下命令，查看进程。若显示的进程中含有 RunJar，则证明 HiveServer2 服务启动成功，如图 2-9 所示。

```
[hadoop@Worker1 ~]$ jps
```

```
[hadoop@Worker1 ~]$ jps
3362 DataNode
238944 RunJar
239087 Jps
3502 NodeManager
```

图 2-9 启动的进程

步骤 6 在 Worker2 主机上执行如下命令，启动 Beeline 工具远程连接 Worker1 主机的 HiveServer2 服务。连接 HiveServer2 服务时，需要输入 Worker1 主机 hadoop 用户的登录密码，输入密码后出现 "0: jdbc:hive2://Worker1:10000/>" 提示符，则证明远程连接成功，如图 2-10 所示。

```
[hadoop@Worker2 hadoop]$ beeline --hiveconf hive.server2.logging.operation.level=NONE -u jdbc:hive2://Worker1:10000 -n hadoop -p
```

项目二　数据仓库 Hive

```
Connecting to jdbc:hive2://Worker1:10000/;user=hadoop
Enter password for jdbc:hive2://Worker1:10000/: *
Connected to: Apache Hive (version 3.1.3)
Driver: Hive JDBC (version 3.1.3)
Transaction isolation: TRANSACTION_REPEATABLE_READ
Beeline version 3.1.3 by Apache Hive
0: jdbc:hive2://Worker1:10000/>
```

图 2-10　远程连接 HiveServer2 服务成功的界面

 高手点拨

启动 Beeline 工具的同时连接到指定的 HiveServer2 服务，命令格式如下。

beeline -u jdbc:hive2://<host>:<port> -n <username> -p <password>

其中，<host> 为 HiveServer2 服务所在主机的主机名或 IP 地址；<port> 为 HiveServer2 服务的端口号；-n <username> 用于指定 HiveServer2 服务所在主机的用户名；-p <password> 用于指定用户名对应的密码。

此外，在启动 Beeline 工具时可以添加 "--hiveconf hive.server2.logging.operation.level =NONE" 属性，将日志级别设置为 NONE，不显示任何与操作相关的日志信息，以便用户查看操作结果。

步骤 7 在 Worker2 主机上执行如下命令，断开远程连接。

0: jdbc:hive2://Worker1:10000/> !quit

任务二　构建网站流量数据仓库

 任务描述

现有用户手机信息数据文件 "phone.txt" 和用户上网日志记录数据文件 "http.log"。

"phone.txt" 数据文件包含手机号码前缀（phone_no）、手机号码段（phone_numpart）、省份（province）、城市（city）、运营商（operator）、邮政编码（zipcode）、区号（areacode）和行政划分代码（administrativecode）8 个字段的信息，如图 2-11 所示。其中，各字段间的分隔符是由 Tab 键输入的制表符。

41

```
130    1300000  山东   济南   联通   250000  0531  370100
130    1300001  江苏   常州   联通   213000  0519  320400
130    1300002  安徽   巢湖   联通   238000  0551  340181
130    1300003  四川   宜宾   联通   644000  0831  511500
130    1300004  四川   自贡   联通   643000  0813  510300
130    1300005  陕西   西安   联通   710000  029   610100
130    1300006  江苏   南京   联通   210000  025   320100
```

图 2-11 "phone.txt" 数据文件的部分内容

"http.log" 数据文件中包含手机号码段（phone_numpart）、请求网站的链接（web）、上行流量（upstream）和下行流量（downstream）4 个字段的信息，如图 2-12 所示。其中，各字段间的分隔符是由 Tab 键输入的制表符。

```
1300002   http://movie.youku.com   699    3316
1300006   http://movie.youku.com   663    15584
1300006   http://blog.csdn.net/article/details/18565522      12094  151
1300006   http://www.edu360.cn     60     8063
1300007   http://blog.csdn.net/article/details/18565522      1095   95
1300007   http://movie.youku.com   7809   9761
1300008   https://www.jianshu.com/p/bb88f7520b33   10166  1848
1300012   https://www.jianshu.com/p/bb88f7520b33   1472   702
1300016   https://www.jianshu.com/p/bb88f7111b9e   755    15183
```

图 2-12 "http.log" 数据文件的部分内容

为了方便日后查询和分析不同用户和网站的流量数据，需要将这些数据存储到网站流量数据仓库中。为了合理构建网站流量数据仓库，我们需要先对数据仓库进行分层设计，然后分别创建数据库和表。构建网站流量数据仓库之前，我们先来学习一下 Hive 中数据库和表的基本操作。

任务准备

全班学生以 3~5 人为一组进行分组，各组选出组长。组长组织组员扫码观看 "Hive 数据定义概述" 视频，讨论并回答下列问题。

问题 1：简述 Hive 数据定义的概念。

Hive 数据定义概述

问题 2：简述 Hive 中表的类型。

一、数据库的基本操作

在 Hive 中，数据库的基本操作包括创建数据库、显示数据库、查看数据库的基本信息、切换数据库和删除数据库等。

1. 创建数据库

使用 CREATE DATABASE 关键字可以创建数据库，其语法格式如下。

```
CREATE DATABASE [IF NOT EXISTS] 数据库名
[LOCATION '存储路径'];
```

上述语法格式的详细解释如下。

- ➢ IF NOT EXISTS：可选项，用于判断创建的数据库是否已经存在。若数据库不存在，则创建数据库；否则不执行任何操作。
- ➢ LOCATION '存储路径'：可选项，用于指定数据库在 HDFS 中的存储位置。默认存储位置取决于 Hive 的"hive-site.xml"配置文件中 hive.metastore.warehouse.dir 参数指定的存储位置。

高手点拨

如果在"hive-site.xml"配置文件中没有设置 hive.metastore.warehouse.dir 参数的值，则使用该参数的默认值"/user/hive/warehouse"。

2. 显示数据库

使用 SHOW DATABASES 关键字可以显示数据库，其语法格式如下。

```
SHOW DATABASES [LIKE 筛选条件];    #显示所有数据库/符合条件的数据库
```

其中，"LIKE 筛选条件"为可选项，用于筛选符合条件的数据库；LIKE 为模糊查询的关键字。

3. 查看数据库的基本信息

数据库的基本信息包含数据库名称、描述信息、存储位置、所有者和权限。使用 DESCRIBE DATABASE 关键字可以查看数据库的基本信息，其语法格式如下。

```
DESCRIBE DATABASE 数据库名;
```

4. 切换数据库

在 Hive 中，默认使用的数据库为 default。如果需要使用已创建的其他数据库，则需要手动切换。使用 USE 关键字可以切换数据库，其语法格式如下。

```
USE 数据库名;
```

高手点拨

用户可以执行如下语句查询当前使用的数据库。

```
SELECT CURRENT_DATABASE();
```

5. 删除数据库

使用 DROP DATABASE 关键字可以删除指定数据库，其语法格式如下。

```
DROP DATABASE [IF EXISTS] 数据库名 [RESTRICT | CASCADE];
```
上述语法格式的详细解释如下。
- **IF EXISTS**：可选项，用于判断数据库是否存在。若数据库存在，则删除数据库；否则不执行任何操作。
- **RESTRICT | CASCADE**：可选项，用于指定数据库中存有表时是否可以删除数据库。其中，RESTRICT 为默认值，表示如果数据库中存有表，则无法删除数据库；CASCADE 表示如果数据库中存有表，则删除数据库并删除数据库中的表。

【例 2-1】 操作数据库 hive_test。

步骤 1 执行如下语句，创建数据库 hive_test。

```
0: jdbc:hive2://Worker1:10000/> CREATE DATABASE hive_test;
```

小 提 示

在创建数据库之前，需要启动 HDFS 和 YARN，并确保 Worker2 主机的 Beeline 工具成功连接到 Worker1 主机的 HiveServer2 服务。

为了排版整洁，后续将提示符 "0: jdbc:hive2://Worker1:10000/>" 简写为 ".../>"。

步骤 2 执行如下语句，显示数据库，结果如图 2-13 所示。

```
.../> SHOW DATABASES;
```

步骤 3 执行如下语句，切换数据库，并查询当前使用的数据库，结果如图 2-14 所示。

```
.../> USE hive_test;
.../> SELECT CURRENT_DATABASE();
```

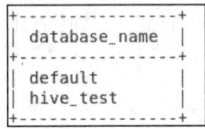
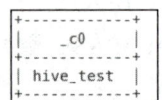

图 2-13　显示数据库　　　　图 2-14　当前使用的数据库

步骤 4 执行如下语句，查看数据库 hive_test 的基本信息，结果如图 2-15 所示。

```
.../> DESCRIBE DATABASE hive_test;
```

db_name	comment	location	owner_name	owner_type	parameters
hive_test		hdfs://Master:9000/user/hive/warehouse/hive_test.db	hadoop	USER	

图 2-15　数据库 hive_test 的基本信息

步骤 5 执行如下语句，删除数据库 hive_test。

```
.../> DROP DATABASE IF EXISTS hive_test;
```

> **高手点拨**
>
> 在 Hive 中，默认情况下关键字不区分大小写。

二、表的基本操作

在 Hive 中，表的基本操作包括创建表、显示表、查看表信息、修改表、分区表的分区操作和删除表等。

1. 创建表

使用 CREATE TABLE 关键字可以创建内部表、外部表、分区表和桶表等，其语法格式如下：

```
CREATE [EXTERNAL] TABLE [IF NOT EXISTS] [数据库名.]表名
(字段名1 数据类型 [COMMENT 字段描述], …)
[PARTITIONED BY (字段名1 数据类型, …)]
[CLUSTERED BY (字段名1, …) [SORTED BY (字段名1 [ASC | DESC], …)] INTO 分桶数 BUCKETS]
[ROW FORMAT DELIMITED 数据分隔符]
[STORED AS 存储格式]
[LOCATION '存储路径'];
```

上述语法格式的详细解释如下。

- CREATE [EXTERNAL] TABLE：创建表的关键字。其中，EXTERNAL 为可选关键字，表示创建的表为外部表。
- [数据库名.]表名：用于指定表名和存放表的数据库。若不指定数据库，则表默认存放在当前使用的数据库中。
- PARTITIONED BY (字段名1 数据类型, …)：可选项，用于指定分区字段。
- CLUSTERED BY (字段名1, …) [SORTED BY (字段名1 [ASC | DESC], …)] INTO 分桶数 BUCKETS：可选项，用于指定分桶字段、排序依据字段和分桶数，表示根据分桶字段的哈希值对数据进行分桶，并根据排序依据字段对每个桶内的数据行进行升序（ASC）或降序（DESC）排序。
- ROW FORMAT DELIMITED 数据分隔符：可选项，用于指定表中数据的分隔符。

> **高手点拨**
>
> 数据分隔符主要可以分为以下几种。
>
> ① FIELDS TERMINATED BY 分隔符：用于指定字段与字段之间的分隔符。
>
> ② COLLECTION ITEMS TERMINATED BY 分隔符：用于指定复杂数据类型（ARRAY、MAP 和 STRUCT）字段中元素与元素之间的分隔符。

③ MAP KEYS TERMINATED BY 分隔符：用于指定 MAP 类型字段中 key 与 value 之间的分隔符。

④ LINES TERMINATED BY 分隔符：用于指定行与行之间的分隔符。

➢ STORED AS 存储格式：可选项，用于指定表的存储格式。其中，存储格式的默认值为 TextFile，其他可取值包括 ORC、SequenceFile 和 Parquet 等。

➢ LOCATION '存储路径'：可选项，用于指定外部表的数据文件在 HDFS 中的存储位置。如果没有使用 LOCATION 关键字指定存储位置，则 Hive 将在 HDFS 的 "/user/hive/warehouse" 目录中以外部表的表名创建一个目录，并将该表的实际数据存放在该目录中。

（1）创建内部表。内部表是 Hive 的基本表。向内部表中导入数据时，该表的实际数据会从原来的 HDFS 目录移动到 Hive 管理的 HDFS 目录中。Hive 可以管理内部表的元数据和实际数据，因此删除内部表时，会同时删除表的元数据和实际数据。

【例 2-2】 在数据库 hive_database 中创建内部表 internal_table。

步骤 1 执行如下语句，创建数据库 hive_database；然后切换至该数据库。

```
.../> CREATE DATABASE hive_database;
.../> USE hive_database;
```

步骤 2 执行如下语句，创建内部表 internal_table。

```
.../> CREATE TABLE IF NOT EXISTS internal_table
    > (id STRING, name STRING, class STRING)      #表中的字段
    > ROW FORMAT DELIMITED
    > FIELDS TERMINATED BY ','         #定义字段与字段之间的分隔符为","
    > LINES TERMINATED BY '\n';        #定义行与行之间的分隔符为"\n"
```

（2）创建外部表。使用 EXTERNAL 关键字创建的表为外部表。与内部表不同，向外部表中导入数据时，实际数据不会从原来的 HDFS 目录移动到 Hive 管理的 HDFS 目录中，而是保留在原来的 HDFS 目录中，外部表会与实际数据建立映射关系。Hive 只管理外部表的元数据，因此删除外部表时，只会删除表的元数据，不会删除表的实际数据。

【例 2-3】 在数据库 hive_database 中创建外部表 external_table。

```
.../> CREATE EXTERNAL TABLE IF NOT EXISTS external_table
    > (id INT, name STRING, class STRING)
    > ROW FORMAT DELIMITED
    > FIELDS TERMINATED BY ','
    > LINES TERMINATED BY '\n'
    > LOCATION '/user/hive_external/external_table';
```

（3）创建分区表。使用 PARTITIONED BY 关键字创建的表为分区表，该表对内部表或外部表中的数据进行了分区存储。

【例 2-4】　在数据库 hive_database 中创建分区表 partition_table。

```
…/> CREATE EXTERNAL TABLE IF NOT EXISTS partition_table
  > (id INT, name STRING, class String)
  #分区字段
  > PARTITIONED BY(college STRING)
  > ROW FORMAT DELIMITED
  > FIELDS TERMINATED BY ','
  > LINES TERMINATED BY '\n';
```

（4）创建桶表。使用 CLUSTERED BY 关键字创建的表为桶表，该表对内部表、外部表或分区表各分区中的数据进行了分桶存储。

【例 2-5】　在数据库 hive_database 中创建桶表 bucket_table。

```
…/> CREATE TABLE IF NOT EXISTS bucket_table(
  > student_id STRING, student_name STRING,
  > college STRING, class STRING)
  #按照college字段进行分桶，并指定桶的个数为3
  > CLUSTERED BY(college) INTO 3 BUCKETS
  > ROW FORMAT DELIMITED
  > FIELDS TERMINATED BY ','
  > LINES TERMINATED BY '\n';
```

2．显示表

使用 SHOW TABLES 关键字可以显示表，其语法格式如下。

```
SHOW TABLES [LIKE 筛选条件];
```

3．查看表信息

使用 DESCRIBE 关键字可以查看表信息，其语法格式如下。

```
#查看表的基本信息/详细信息
DESCRIBE [FORMATTED] [数据库名.]表名;
```

其中，FORMATTED 为可选项，用于查看表的详细信息。

> **小试牛刀**
>
> （1）显示数据库 hive_database 中的所有表。
>
> （2）查看数据库 hive_database 中桶表 bucket_table 的基本信息和详细信息。

4. 修改表

修改表的基本操作包括重命名表、修改字段、添加字段和替换字段等。

（1）使用 ALTER TABLE 和 RENAME TO 关键字可以重命名表，其语法格式如下。

```
ALTER TABLE [数据库名.]表名 RENAME TO 新的表名;
```

（2）使用 ALTER TABLE 和 CHANGE 关键字可以修改字段，其语法格式如下。

```
ALTER TABLE [数据库名.]表名
CHANGE 旧的字段名 新的字段名 新字段的数据类型 [FIRST | AFTER 指定字段];
```

其中，FIRST 表示将修改的字段放在第一列，前提是必须保证表中每个字段的数据类型相同；AFTER 表示将修改的字段放在指定字段之后，前提是必须保证指定字段及该字段之后所有字段的数据类型相同。

（3）使用 ALTER TABLE 和 ADD COLUMNS 关键字可以添加字段，其语法格式如下。

```
ALTER TABLE [数据库名.]表名
ADD COLUMNS (字段名1 数据类型 [COMMENT 字段描述], …);
```

（4）使用 ALTER TABLE 和 REPLACE COLUMNS 关键字可以替换字段，其语法格式如下。需要注意的是，替换字段时，会替换掉表中的所有字段。

```
ALTER TABLE [数据库名.]表名
REPLACE COLUMNS (字段名1 数据类型, …);
```

> **小提示**
>
> 修改字段的语句只会修改 Hive 表的元数据，不会修改表的实际数据，所以修改字段的数据类型要与原字段的数据类型兼容。否则，Hive 将无法完成字段的修改操作。

【例 2-6】 修改数据库 hive_database 中的内部表 internal_table。

步骤① 执行如下语句，将内部表 internal_table 重命名为 internal_table1。

```
…/> ALTER TABLE internal_table RENAME TO internal_table1;
```

步骤② 执行如下语句，将内部表 internal_table1 的 id 字段名修改为 stu_id，并将 stu_id 字段移动到 name 字段之后。

```
…/> ALTER TABLE internal_table1
   > CHANGE id stu_id STRING AFTER name;
```

步骤③ 执行如下语句，在内部表 internal_table1 中添加 age 字段。

```
…/> ALTER TABLE internal_table1 ADD COLUMNS (age INT);
```

步骤④ 执行如下语句，查看内部表 internal_table1 的基本信息，结果如图 2-16 所示。

```
…/> DESCRIBE internal_table1;
```

```
+-----------+-----------+---------+
| col_name  | data_type | comment |
| name      | string    |         |
| stu_id    | string    |         |
| class     | string    |         |
| age       | int       |         |
+-----------+-----------+---------+
```

图 2-16　内部表 internal_table1 的基本信息

从图 2-16 中可以看出，内部表 internal_table1 中成功添加 age 字段，并且 age 字段在所有已有字段（name、stu_id 和 class）的后面。

5. 分区表的分区操作

分区表的分区操作包括添加分区、显示分区、查看分区信息和删除分区等。

（1）添加分区。添加分区是指在分区表中根据分区字段添加实际分区。使用 ADD PARTITION 关键字可以添加分区，其语法格式如下。

```
ALTER TABLE [数据库名.]表名
ADD PARTITION (分区字段1=分区字段的值1, …)
[PARTITION (分区字段1=分区字段的值1, …) …]
[LOCATION '存储路径'];
```

高手点拨

分区字段的值即实际分区名，分区名是数据存储路径的一部分，默认情况下 Hive 不支持含有中文或特殊字符的分区名。因此，分区字段的值不能含有中文或特殊字符。

（2）显示分区。使用 SHOW PARTITIONS 关键字可以显示分区，其语法格式如下。

```
SHOW PARTITIONS [数据库名.]表名
[PARTITION (分区字段1=分区字段的值1, …)]; #可选项，用于显示指定分区
```

（3）查看分区信息。使用 DESCRIBE 关键字可以查看分区信息，其语法格式如下。

```
DESCRIBE [FORMATTED] [数据库名.]表名
PARTITION (分区字段1=分区字段的值1, …);
```

（4）删除分区。使用 DROP PARTITION 关键字可以删除分区，其语法格式如下。

```
ALTER TABLE [数据库名.]表名
DROP [IF EXISTS] PARTITION (分区字段1=分区字段的值1, …);
```

【例 2-7】　在数据库 hive_database 的分区表 partition_table 中执行不同的分区操作。

步骤 1　执行如下语句，在分区表 partition_table 中添加两个分区。

```
…/> ALTER TABLE partition_table
    > ADD PARTITION (college='Arts')
    > PARTITION(college='English');
```

步骤 2 执行如下语句，显示分区表 partition_table 的分区，结果如图 2-17 所示。

.../> SHOW PARTITIONS partition_table;

步骤 3 执行如下语句，查看分区表 partition_table 中 college=Arts 分区的基本信息，结果如图 2-18 所示。

.../> DESCRIBE partition_table PARTITION(college='Arts');

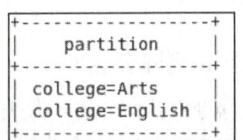

图 2-17　分区表 partition_table 的分区　　　　图 2-18　college=Arts 分区的基本信息

步骤 4 执行如下语句，删除分区表 partition_table 的 college=Arts 分区。

.../> ALTER TABLE partition_table
　> DROP PARTITION(college='Arts');

6. 删除表

使用 DROP TABLE 关键字可以删除表，其语法格式如下。

DROP TABLE [IF EXISTS] [数据库名.]表名;

> **小试牛刀**
>
> 删除数据库 hive_database 中的桶表 bucket_table。

任务实施

任务分析　首先设计网站流量数据仓库的分层，确定不同分层中包含的数据库、表和数据源，然后根据设计好的分层，分别创建数据库和表。

构建网站流量数据仓库

1. 设计网站流量数据仓库的分层

网站流量数据仓库的分层设计如表 2-2 所示。

表 2-2　网站流量数据仓库的分层设计

分　层	数据库	表	数据源
源数据层	web_ods_database	phone_ods_table	用户手机信息数据文件"phone.txt"
		weblog_ods_table	用户上网日志记录数据文件"http.log"
数据仓库层的明细层	web_dwd_database	web_dwd_table	合并表 phone_ods_table 和表 weblog_ods_table 后，查询到的部分数据，表中字段包括 phone_numpart、web、upstream、downstream、province、city 和 operator
数据仓库层的业务层	web_dws_database	stream_dws_table	统计表 web_dwd_table 中不同手机号码段、请求网站的链接、省份、运营商的总流量，表中字段包括 total_stream、phone_numpart、web、province、operator 和 group_type。其中，group_type 表示维度，当 group_type 为 1 时，表示手机号码段维度；当 group_type 为 2 时，表示请求网站的链接维度；当 group_type 为 3 时，表示省份维度；当 group_type 为 4 时，表示运营商维度

2. 创建源数据层的数据库和表

步骤 1　在 Worker1 主机上启动 HiveServer2 服务，并在 Worker2 主机上启动 Beeline 工具远程连接 Worker1 主机的 HiveServer2 服务。

步骤 2　执行如下语句，创建源数据层数据库 web_ods_database。

```
.../> CREATE DATABASE IF NOT EXISTS web_ods_database;
```

步骤 3　执行如下语句，在数据库 web_ods_database 中创建外部表 phone_ods_table。

```
.../> USE web_ods_database;
.../> CREATE EXTERNAL TABLE IF NOT EXISTS phone_ods_table (
    > phone_no STRING, phone_numpart STRING,
    > province STRING, city STRING,
    > operator STRING, zipcode STRING,
    > areacode INT, administrativecode STRING )
    > ROW FORMAT DELIMITED
    > FIELDS TERMINATED BY '\t'
    > STORED AS TEXTFILE
    > LOCATION "/user/hive_data/weblog.db/phone_ods";
```

步骤 4 执行如下语句，在数据库 web_ods_database 中创建外部表 weblog_ods_table。

```
.../> CREATE EXTERNAL TABLE IF NOT EXISTS weblog_ods_table (
    > phone_numpart STRING, web STRING,
    > upstream INT, downstream INT)
    > ROW FORMAT DELIMITED
    > FIELDS TERMINATED BY '\t'
    > STORED AS TEXTFILE
    > LOCATION "/user/hive_data/weblog.db/weblog_ods";
```

3. 创建明细层的数据库和表

步骤 1 执行如下语句，创建明细层数据库 web_dwd_database。

```
.../> CREATE DATABASE IF NOT EXISTS web_dwd_database;
```

步骤 2 执行如下语句，在数据库 web_dwd_database 中创建明细表 web_dwd_table。

```
.../> USE web_dwd_database;
.../> CREATE TABLE IF NOT EXISTS web_dwd_table (
    > phone_numpart STRING, web STRING,
    > upstream INT, downstream INT,
    > province STRING, city STRING, operator STRING )
    > ROW FORMAT DELIMITED
    > FIELDS TERMINATED BY '\t'
    > STORED AS ORC;
```

4. 创建业务层的数据库和表

步骤 1 执行如下语句，创建业务层数据库 web_dws_database。

```
.../> CREATE DATABASE IF NOT EXISTS web_dws_database;
```

步骤 2 执行如下语句，在数据库 web_dws_database 中创建宽表 stream_dws_table。

```
.../> USE web_dws_database;
.../> CREATE TABLE IF NOT EXISTS stream_dws_table (
    > total_stream INT,
    > phone_numpart STRING, web STRING,
    > province STRING, operator STRING, group_type STRING)
    > ROW FORMAT DELIMITED
    > FIELDS TERMINATED BY '\t'
    > STORED AS ORC;
```

任务三 操作网站流量数据

任务描述

网站流量数据仓库构建完成后，首先需要选择合适的方式将数据导入数据仓库的相应表中，然后可以根据业务需求使用不同的数据查询方法查询并分析网站流量数据，最后选择合适的方法导出所需的数据。操作网站流量数据之前，我们先来学习一下 Hive 中导入数据、查询数据和导出数据的基本方法。

任务准备

全班学生以 3～5 人为一组，各组选出组长。组长组织组员扫码观看"Hive 数据操作概述"视频，讨论并回答下列问题。

问题 1：简述 Hive 数据操作的概念。

Hive 数据操作概述

问题 2：简述不建议使用 Hive 数据更新与删除的原因。

一、导入数据

导入数据是指将数据源中的数据加载到数据仓库各表中的过程。在 Hive 中，使用 LOAD DATA、INSERT 关键字可以向已有的表中导入数据；使用 CREATE TABLE…AS 关键字可以在创建表的同时导入数据；使用 IMPORT 关键字可以导入表。

1. 使用 LOAD DATA 加载数据

使用 LOAD DATA 关键字可以将存储在本地文件系统或 HDFS 中的数据加载到 Hive 表中，其语法格式如下：

```
LOAD DATA [LOCAL] INPATH '数据导入路径'
[OVERWRITE] INTO TABLE [数据库名.]表名
[PARTITION(分区字段1=分区字段的值1, …)];
```

53

上述语法格式的详细解释如下。
> LOCAL：可选项，表示从本地文件系统中加载数据。如果不使用 LOCAL，则默认从 HDFS 中加载数据。

高手点拨

在远程模式下操作 Hive 时，本地文件系统是指启动 HiveServer2 服务的服务端主机。

> OVERWRITE：可选项，表示加载数据时，会覆盖表或分区中已经存在的数据。如果不使用 OVERWRITE，则默认使用追加的方式加载数据。
> INTO TABLE [数据库名.]表名：用于将数据加载到指定的表中。
> PARTITION(分区字段1=分区字段的值1，…)：可选项，用于将数据加载到分区表的指定分区。

【例 2-8】 将 Worker1 主机中 "/usr/local/hive/hive_data/student_data" 文件中的数据加载到数据库 hive_database 的外部表 external_table 中。

```
…/> LOAD DATA LOCAL INPATH '/usr/local/hive/hive_data/student_data'
  > OVERWRITE INTO TABLE external_table;
```

小提示

实现例 2-8 之前，需要在 Worker1 主机的 "/usr/local/hive" 目录中新建 "hive_data" 文件夹，用于存放例题使用的 "student_data" 数据文件。

2. 使用 INSERT 插入数据

使用 INSERT 关键字可以向 Hive 表中插入指定数据。常用的插入数据的方式有基本插入、查询插入和动态分区插入。

（1）基本插入。基本插入是指直接向 Hive 表中插入单条或多条数据，适用于已经有完整数据集的情况，其语法格式如下。

```
INSERT OVERWRITE | INTO TABLE [数据库名.]表名
[PARTITION (分区字段1=分区字段的值1，…)]
VALUES (值1，值2 …),(值1，值2 …) …;
```

上述语法格式的详细解释如下。
> INSERT OVERWRITE | INTO TABLE [数据库名.]表名：用于指定插入数据的方式和表。其中，OVERWRITE 表示以覆盖的方式插入数据；INTO 表示以追加的方式插入数据。
> VALUES (值1，值2 …),(值1，值2 …) …：用于指定向表中插入的单条或多条数据。其中，"(值1，值2 …)" 表示插入的一条数据，该数据需要与表中的字段对应，即每个字段都需要指定值，如果某个字段的值不存在，则使用 NULL 代替该字段的值。

【例2-9】 向数据库 hive_database 的内部表 internal_table1 中插入两条数据。

```
…/> INSERT INTO TABLE internal_table1
  > VALUES ('张三','2023910660', 'class1 ', 19),
  > ('李四', '2023930116', 'class2', 19);
```

（2）查询插入。查询插入是指将查询结果直接插入 Hive 表中，适用于根据特定条件过滤和转换数据后再进行插入的情况。在 Hive 中，查询插入可分为单表查询插入和多表查询插入。

① 单表查询插入是指将查询结果插入单个目标表中，其语法格式如下。

```
INSERT OVERWRITE | INTO TABLE [数据库名.]表名
[PARTITION(分区字段1=分区字段的值1, …)]
SELECT 查询字段 FROM 表名1;
```

上述语法格式的详细解释如下。

➢ 查询字段：表示表中的字段或含有字段的表达式。
➢ FROM 表名1：用于指定实际查询的表或子查询等。

② 多表查询插入是指将查询结果插入多个目标表中，其语法格式如下。

```
FROM 表名1
INSERT OVERWRITE | INTO TABLE [数据库名.]表名2
[PARTITION(分区字段1=分区字段的值1, …)]
SELECT 查询字段1
INSERT OVERWRITE | INTO TABLE [数据库名.]表名3
[PARTITION(分区字段1=分区字段的值1, …)]
SELECT 查询字段2
…;
```

【例2-10】 查询数据库 hive_database 中外部表 external_table 的数据，并将查询结果插入分区表 partition_table 的分区 college=Arts 中。

```
…/> INSERT INTO TABLE partition_table
  > PARTITION (college='Arts')
  > SELECT * FROM external_table;
```

（3）动态分区插入。动态分区插入是指自动根据数据中的某些字段值创建和管理分区，其语法格式如下。

```
INSERT OVERWRITE | INTO TABLE [数据库名.]表名
PARTITION(分区字段1, 分区字段2 …)
SELECT 查询字段 FROM 表名1;
```

高手点拨

动态分区插入与查询插入的不同之处在于，动态分区插入无须指定分区字段的值。相较于手动指定分区，动态分区插入数据可以减少手动操作的复杂性，提高数据加载的效率。

当动态分区模式为严格模式时，不允许 Hive 使用动态分区。因此，使用动态分区前，需要将 Hive 的 hive.exec.dynamic.partition.mode 参数的值修改为 nonstrict（非严格模式），该参数的默认值为 strict（严格模式）。修改 hive.exec.dynamic.partition.mode 参数值的方法有以下两种。

① 修改"hive-site.xml"配置文件中的配置信息，永久修改 hive.exec.dynamic.partition.mode 参数值。配置完成后，需要重新启动 HiveServer2 服务，使配置信息生效。

```
#在Worker1主机中打开"hive-site.xml"配置文件
[hadoop@Worker1 ~]$ gedit /usr/local/hive/conf/hive-site.xml
#在<configuration></configuration>标签中添加如下配置信息
<property>
    <name>hive.exec.dynamic.partition.mode</name>
    <value>nonstrict</value>
</property>
```

② 启动 Beeline 工具连接 HiveServer2 服务，然后执行如下语句，临时修改 hive.exec.dynamic.partition.mode 参数值。断开 HiveServer2 服务后，修改失效。

```
#在Worker2主机中临时修改参数值
.../> SET hive.exec.dynamic.partition.mode=nonstrict;
```

【例 2-11】 在数据库 hive_database 中创建分区表 nonstrict_partition，然后查询内部表 internal_table1 的数据，并使用动态分区的方式将查询结果插入分区表 nonstrict_partition 中。

步骤 1 执行如下语句，创建分区表 nonstrict_partition。

```
.../> CREATE TABLE nonstrict_partition
    > (name STRING, id STRING)
    > PARTITIONED BY(class STRING)
    > ROW FORMAT DELIMITED
    > FIELDS TERMINATED BY ','
    > LINES TERMINATED BY '\n';
```

步骤 2 执行如下语句，查询内部表 internal_table1 的数据，并使用动态分区的方式将查询结果插入分区表 nonstrict_partition 中。

```
.../> INSERT INTO TABLE nonstrict_partition
```

```
> PARTITION(class)
> SELECT stu_id, name, class FROM internal_table1;
```

步骤 3 执行如下语句,显示分区表 nonstrict_partition 中的所有分区,结果如图 2-19 所示。

```
…/> SHOW PARTITIONS nonstrict_partition;
```

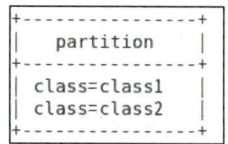

图 2-19 分区表 nonstrict_partition 中的所有分区

3. 使用 CREATE TABLE…AS 导入数据

使用 CREATE TABLE…AS 关键字可以在创建新表的同时将查询结果导入新表中,其语法格式如下。

```
CREATE TABLE [IF NOT EXISTS] [数据库名.]表名 AS
SELECT 查询字段 FROM 表名1;
```

【例 2-12】 在数据库 hive_database 中创建表 table_as,同时查询外部表 external_table 中的数据,并将查询结果导入表 table_as 中。

```
…/> CREATE TABLE IF NOT EXISTS table_as AS
 > SELECT * FROM external_table;
```

4. 使用 IMPORT 导入表

使用 IMPORT 关键字可以导入使用 EXPORT 关键字导出的表,包括表的元数据和实际数据,其语法格式如下。

```
IMPORT [[EXTERNAL] TABLE [数据库名.]表名
[PARTITION (分区字段1=分区字段的值1, …)]]
FROM '数据导入路径'
[LOCATION '存储路径'];
```

上述语法格式的详细解释如下。

➢ FROM '数据导入路径': 用于指定待导入的表或分区的元数据和实际数据在 HDFS 中的存储位置。

➢ LOCATION '存储路径': 可选项,用于指定导入的数据在 HDFS 中的存储位置。

【例 2-13】 将表导入数据库 hive_database 中。

步骤 1 在 Worker1 主机的终端上执行如下命令,将本地文件系统的 "/usr/local/hive/hive_data" 目录中的 "test0" 文件夹上传至 HDFS 的 "/user/hive_data" 目录中。

```
[hadoop@Worker1 ~]$ hdfs dfs -put /usr/local/hive/hive_data/
```

test0 /user/hive_data

步骤 2 在 Hive 中执行如下语句,将 HDFS 的"/user/hive_data/test0"目录中的元数据和实际数据导入表 test_import 中。

```
.../> IMPORT TABLE test_import
    > FROM '/user/hive_data/test0';
```

二、查询数据

在 Hive 中,数据查询是指使用 HiveQL 检索或处理表中的数据。查询数据时可以使用运算符和 Hive 的内置函数对数据进行筛选、聚合和计算等操作。

1. 运算符

运算符用于连接表达式中各种数据类型的操作数,其作用是指明对操作数所执行的运算类型。Hive 内置运算符可分为 4 种类型,分别为算术运算符、关系运算符、逻辑运算符和复杂运算符。

(1) 算术运算符包括"+"(加)、"-"(减)、"*"(乘)、"/"(除)和"%"(取余)等,用于执行各种常见的算术运算。算术表达式的返回值为数值类型或 NULL(空)。

(2) 关系运算符又称比较运算符,包括"="(等于)、"!="(不等于)、"<"(小于)、"<="(小于等于)、">"(大于)和">="(大于等于)等,用于比较两个操作数之间的关系。关系表达式的返回值为 TRUE、FALSE 或 NULL。

(3) 逻辑运算符包括"AND"(与)、"OR"(或)和"NOT"(非)等,用于确定表达式的真和假。逻辑表达式的返回值为 TRUE、FALSE 或 NULL。

(4) 复杂运算符用于访问或操作复杂类型数据中的元素,它们的详细介绍如表 2-3 所示。

表 2-3 复杂运算符

复杂运算符	支持的数据类型	描 述
A[n]	ARRAY	返回数组 A 的第 $n+1$ 个元素。其中,n 从 0 开始
M[key]	MAP	返回映射 M 中指定键(*key*)的值
S.x	STRUCT	返回结构体 S 中 x 字段的值

2. 数据查询

使用 SELECT 关键字可以进行数据查询,其基本语法格式如下。

```
SELECT [ALL | DISTINCT] 查询字段 [[AS] 字段的别名]
FROM 表名 1
[WHERE 查询条件]
```

```
[GROUP BY 分组字段 [HAVING 筛选条件]]
[ORDER BY 排序字段 [ASC | DESC] | SORT BY 排序字段 [ASC | DESC]]
[[INNER] JOIN 表名2 ON 连接条件]
[LIMIT [起始位置,] 数据行数];
```

上述语法格式的详细解释如下。

➢ **SELECT [ALL | DISTINCT] 查询字段 [[AS] 字段的别名] FROM 表名1**：用于从指定的表或子查询中查询数据。其中，ALL（默认值，可省略）和 DISTINCT 为可选项，分别表示返回全部查询结果和返回去重后的查询结果；查询字段为"*"时，表示查询表中的所有字段；"AS 字段的别名"为可选项，用于指定字段的别名，AS 关键字可以省略。

➢ **WHERE 查询条件**：可选项，用于指定查询条件，以便从表中查询符合该条件的数据。查询条件中可以包含算术运算符、关系运算符、逻辑运算符和通配符等，也可以包含子查询。

➢ **GROUP BY 分组字段 [HAVING 筛选条件]**：可选项，用于按照分组字段对查询结果进行分组，并根据筛选条件对分组后的结果进行筛选。

➢ **ORDER BY 排序字段 [ASC | DESC]**：可选项，用于按照排序字段的升序（ASC）或降序（DESC）对查询结果进行全局排序。

➢ **SORT BY 排序字段 [ASC | DESC]**：可选项，用于按照排序字段的升序（ASC）或降序（DESC）对查询结果进行内部排序。

➢ **[INNER] JOIN 表名2 ON 连接条件**：可选项，用于将表名1和表名2进行内连接。其中，INNER 为可选项，JOIN 和 INNER JOIN 等效；连接条件由表中具有相同意义的字段组成。

➢ **LIMIT [起始位置,] 数据行数**：可选项，用于限制返回结果的起始位置和数据行数。其中，起始位置默认为0。

高手点拨

GROUP BY 关键字通常与聚合函数结合使用，可以对分组后的数据进行统一的聚合计算。使用分组查询时，查询字段中只能包含聚合函数、指定值的字段和 GROUP BY 语句中指定的字段。

HAVING 关键字和 WHERE 关键字的功能类似，都是在查询语句中指定条件，但是两者的使用方法有所不同，具体如下。

① HAVING 语句中可以使用聚合函数，而 WHERE 语句中不能使用聚合函数。

② HAVING 语句必须配合 GROUP BY 语句使用，而 WHERE 语句可以单独使用。

【例2-14】 查询数据库 hive_database 中外部表 external_table 的数据。

步骤 1 执行如下语句，查询外部表 external_table 的所有数据，并返回首行数据，结果如图2-20所示。

```
…/> SELECT * FROM external_table LIMIT 1;
```

步骤 2 执行如下语句，按照班级（class）分组查询外部表 external_table 的数据，并筛选出班级中学生数量大于 1 的查询结果，结果如图 2-21 所示。

```
…/> SELECT class,COUNT(*) num FROM external_table
   > GROUP BY class
   > HAVING COUNT(*)>1;
```

```
+-------------------+---------------------+----------------------+
| external_table.id | external_table.name | external_table.class |
+-------------------+---------------------+----------------------+
| 2023910660        | 张三                | 1班                  |
+-------------------+---------------------+----------------------+
```

图 2-20　外部表 external_table 的首行数据

```
+-------+-----+
| class | num |
+-------+-----+
| 1班   | 2   |
| 2班   | 2   |
+-------+-----+
```

图 2-21　班级中学生数量
　　　　大于 1 的查询结果

高手点拨

COUNT()函数是 Hive 的内置函数，用于统计符合指定条件的行数。感兴趣的读者可以自行查询资料学习 Hive 函数的相关知识。

三、导出数据

导出数据是指将 Hive 表中的数据以某种格式从 Hive 环境中提取出来，并保存到外部存储介质（如本地文件系统、HDFS、数据库等）中的过程。在 Hive 中，使用 INSERT OVERWRITE 关键字可以导出表中的数据；使用 EXPORT 关键字可以导出表。

1. 使用 INSERT OVERWRITE 导出数据

使用 INSERT OVERWRITE 关键字可以将从 Hive 表中查询的数据导出到本地文件系统或 HDFS 的一个或多个目录中。

（1）使用 INSERT OVERWRITE 关键字可以将数据导出到一个目录中，其语法格式如下。

```
INSERT OVERWRITE [LOCAL] DIRECTORY '数据导出路径'
[ROW FORMAT DELIMITED 数据分隔符]
[STORED AS 存储格式]
SELECT 查询字段 FROM 表名;
```

上述语法格式的详细解释如下。

➢ INSERT OVERWRITE [LOCAL] DIRECTORY '数据导出路径'：采用覆盖的方式导出数据到指定目录中。其中，LOCAL 为可选项，表示将 Hive 表中的数据导出到本地文件系统的指定目录中。若不使用 LOCAL，则默认将数据导出到 HDFS 的指定目录中。

- ➢ ROW FORMAT DELIMITED 数据分隔符：可选项，用于指定输出文件中数据的分隔符。
- ➢ STORED AS 存储格式：可选项，用于指定输出文件的存储格式。如果不指定存储格式，则使用默认存储格式 TextFile。

（2）使用 INSERT OVERWRITE 关键字可以将数据导出到多个目录中，其语法格式如下。

```
FROM 表名
INSERT OVERWRITE [LOCAL] DIRECTORY '数据导出路径 1'
[ROW FORMAT DELIMITED 数据分隔符]
[STORED AS 存储格式]
SELECT 查询字段 1
INSERT OVERWRITE [LOCAL] DIRECTORY '数据导出路径 2'
[ROW FORMAT DELIMITED 数据分隔符]
[STORED AS 存储格式]
SELECT 查询字段 2
…;
```

【例 2-15】 将数据库 hive_database 中外部表 external_table 的所有数据导出到本地文件系统的指定目录。

```
…/> INSERT OVERWRITE LOCAL DIRECTORY
    > '/usr/local/hive/hive_data/external_table'
    > ROW FORMAT DELIMITED
    > FIELDS TERMINATED BY ','
    > LINES TERMINATED BY '\n'
    > SELECT * FROM external_table;
```

2. 使用 EXPORT 导出表

使用 EXPORT 关键字可以将 Hive 表导出到 HDFS 中，包括表的元数据和实际数据，其语法格式如下。

```
EXPORT TABLE [数据库名.]表名
[PARTITION (分区字段 1=分区字段的值 1, …)]
TO '数据导出路径';
```

上述语法格式的详细解释如下。

- ➢ PARTITION (分区字段 1=分区字段的值 1, …)：可选项，用于导出分区表的指定分区。
- ➢ TO '数据导出路径'：用于指定导出表的元数据和实际数据在 HDFS 中的存储位置。

【例2-16】 将数据库 hive_database 中的外部表 external_table 导出到 HDFS 的指定目录中。

```
.../> EXPORT TABLE external_table TO '/user/hive_data/test1';
```

任务实施

任务分析 首先使用不同的数据导入方式将数据导入不同的表中；然后根据需要查询和统计表中数据；最后将不同省份和运营商的总流量导出到 HDFS。

操作网站流量数据

1. 导入网站流量数据

（1）向源数据层导入数据。

步骤 1 执行如下语句，向数据库 web_ods_database 的外部表 phone_ods_table 中导入数据。

```
.../> USE web_ods_database;
.../> LOAD DATA LOCAL INPATH
    > '/usr/local/hive/hive_data/web/phone.txt'
    > OVERWRITE INTO TABLE phone_ods_table;
```

步骤 2 执行如下语句，查询外部表 phone_ods_table 中的数据，验证数据导入是否成功。如果能查询出数据，则证明数据导入成功。

```
.../> SELECT * from phone_ods_table limit 10;
```

步骤 3 执行如下语句，向数据库 web_ods_database 的外部表 weblog_ods_table 中导入数据。

```
.../> LOAD DATA LOCAL INPATH
    > '/usr/local/hive/hive_data/web/http.log'
    > OVERWRITE INTO TABLE weblog_ods_table;
```

（2）向明细层导入数据。

执行如下语句,连接查询外部表 weblog_ods_table 和外部表 phone_ods_table 中的数据,并将查询结果导入数据库 web_dwd_database 的明细表 web_dwd_table 中。

```
.../> USE web_dwd_database;
.../> INSERT INTO TABLE web_dwd_table
    > SELECT w.phone_numpart, w.web,
    > w.upstream, w.downstream,
    > p.province, p.city, p.operator
```

```
> FROM web_ods_database.weblog_ods_table w
> JOIN web_ods_database.phone_ods_table p
> ON w.phone_numpart=p.phone_numpart;
```

(3) 向业务层导入数据。

步骤 1 执行如下语句，统计不同手机号码段的总流量，并将统计结果导入数据库 web_dws_database 的宽表 stream_dws_table 中。

```
…/> USE web_dws_database;
…/> INSERT INTO TABLE stream_dws_table
> SELECT
> SUM(upstream + downstream) AS total_stream,
> phone_numpart,
> '-1' web,
> '-1' province,
> '-1' operator,
> '1' group_type
> FROM web_dwd_database.web_dwd_table
> GROUP BY phone_numpart;
```

步骤 2 执行如下语句，统计不同请求网站的链接的总流量，并将统计结果导入数据库 web_dws_database 的宽表 stream_dws_table 中。

```
…/> INSERT INTO TABLE stream_dws_table
> SELECT
> SUM(upstream + downstream) AS total_stream,
> '-1' phone_numpart,
> web,
> '-1' province,
> '-1' operator,
> '2' group_type
> FROM web_dwd_database.web_dwd_table
> GROUP BY web;
```

步骤 3 执行如下语句，统计不同省份的总流量，并将统计结果导入数据库 web_dws_database 的宽表 stream_dws_table 中。

```
…/> INSERT INTO TABLE stream_dws_table
> SELECT
> SUM(upstream + downstream) AS total_stream,
```

```
     > '-1' phone_numpart,
     > '-1' web,
     > province,
     > '-1' operator,
     > '3' group_type
     > FROM web_dwd_database.web_dwd_table
     > GROUP BY province;
```

步骤 4 执行如下语句，统计不同运营商的总流量，并将统计结果导入数据库 web_dws_database 的宽表 stream_dws_table 中。

```
…/> INSERT INTO TABLE stream_dws_table
   > SELECT
   > SUM(upstream + downstream) AS total_stream,
   > '-1' phone_numpart,
   > '-1' web,
   > '-1' province,
   > operator,
   > '4' group_type
   > FROM web_dwd_database.web_dwd_table
   > GROUP BY operator;
```

2. 查询网站流量数据

步骤 1 执行如下语句，查询"http://movie.youku.com"网站在各个省份的流量分布情况，结果如图 2-22 所示。

```
…/> SELECT province, SUM(upstream + downstream) AS total_stream
   > FROM web_dwd_database.web_dwd_table
   > WHERE web='http://movie.youku.com'
   > GROUP BY province;
```

步骤 2 执行如下语句，统计每个省份中访问网站的手机用户数量，结果如图 2-23 所示。

```
…/> SELECT province, COUNT(DISTINCT phone_numpart) AS user_count
   > FROM web_dwd_database.web_dwd_table
   > GROUP BY province;
```

```
+-----------+--------------+
| province  | total_stream |
+-----------+--------------+
| 上海      | 14829603     |
| 云南      | 11540527     |
| 内蒙古    | 10343647     |
| 北京      | 19133024     |
| 吉林      | 9946813      |
| 四川      | 24971761     |
| 天津      | 5585105      |
| 宁夏      | 3450088      |
| 安徽      | 15040290     |
| 山东      | 33896920     |
| 山西      | 10788846     |
| 广东      | 52609474     |
| 广西      | 12753697     |
| 新疆      | 7472955      |
| 江苏      | 33499315     |
| 江西      | 10686631     |
| 河北      | 23461440     |
| 河南      | 26426184     |
| 浙江      | 25653843     |
| 海南      | 3281996      |
| 湖北      | 16856563     |
| 湖南      | 18256347     |
| 甘肃      | 8524017      |
| 福建      | 15140142     |
| 西藏      | 1458158      |
| 贵州      | 9369847      |
| 辽宁      | 16777742     |
| 重庆      | 10500554     |
| 陕西      | 14956756     |
| 青海      | 2440039      |
| 黑龙江    | 11106088     |
+-----------+--------------+
```

```
+-----------+------------+
| province  | user_count |
+-----------+------------+
| 上海      | 4894       |
| 云南      | 3674       |
| 内蒙古    | 3367       |
| 北京      | 6165       |
| 吉林      | 3399       |
| 四川      | 8211       |
| 天津      | 1993       |
| 宁夏      | 935        |
| 安徽      | 4964       |
| 山东      | 10807      |
| 山西      | 3453       |
| 广东      | 17008      |
| 广西      | 4009       |
| 新疆      | 2714       |
| 江苏      | 10837      |
| 江西      | 3431       |
| 河北      | 7598       |
| 河南      | 8630       |
| 浙江      | 8158       |
| 海南      | 1151       |
| 湖北      | 5435       |
| 湖南      | 5729       |
| 甘肃      | 2674       |
| 福建      | 4689       |
| 西藏      | 425        |
| 贵州      | 3239       |
| 辽宁      | 5444       |
| 重庆      | 3317       |
| 陕西      | 4735       |
| 青海      | 788        |
| 黑龙江    | 3763       |
+-----------+------------+
```

图 2-22 "http://movie.youku.com" 网站在各个省份的流量分布情况　　图 2-23　每个省份中访问网站的手机用户数量

步骤 3 执行如下语句，统计用户最常访问的前 10 个网站链接，结果如图 2-24 所示。

```
…/> SELECT web, COUNT(*) AS visit_count
> FROM web_dwd_database.web_dwd_table
> GROUP BY web
> ORDER BY visit_count DESC
> LIMIT 10;
```

```
+------------------------------------------------------+-------------+
| web                                                  | visit_count |
+------------------------------------------------------+-------------+
| http://www.edu360.cn                                 | 24073       |
| http://movie.youku.com                               | 23994       |
| http://v.baidu.com/tv                                | 23903       |
| http://blog.csdn.net/article/details/18565522        | 12101       |
| https://www.jianshu.com/p/bb88f7111b9e               | 12081       |
| http://music.baidu.com                               | 12065       |
| http://weibo.com/?category=1760                      | 12051       |
| https://www.jianshu.com/p/bb88f7520b9e               | 11985       |
| http://www.weibo.com/?category=7                     | 11935       |
| http://blog.csdn.net/article/details/47444699        | 11921       |
+------------------------------------------------------+-------------+
```

图 2-24　用户最常访问的前 10 个网站链接

步骤 4 执行如下语句，按照手机号码段维度，查询总流量排名第一的手机号码段，结果如图 2-25 所示。

```
.../> SELECT total_stream, phone_numpart
    > FROM web_dws_database.stream_dws_table
    > WHERE group_type='1'
    > ORDER BY total_stream DESC
    > LIMIT 1;
```

步骤 5 执行如下语句,查询总流量大于 120 000 000 的省份,并按照总流量降序排序,结果如图 2-26 所示。

```
.../> SELECT province, total_stream
    > FROM web_dws_database.stream_dws_table
    > WHERE group_type='3' AND total_stream > 120000000
    > ORDER BY total_stream DESC;
```

图 2-25 总流量排名第一的手机号码段

图 2-26 总流量大于 120 000 000 的省份

3. 导出网站流量数据

执行如下语句,将宽表 stream_dws_table 中不同省份和运营商的总流量导出到 HDFS 的 "/user/hive/total_stream/province_result" 和 "/user/hive/total_stream/operator_result" 目录中。

```
.../> USE web_dws_database;
.../> FROM stream_dws_table
    > INSERT OVERWRITE DIRECTORY
    > '/user/hive/total_stream/province_result'
    > ROW FORMAT DELIMITED
    > FIELDS TERMINATED BY ','
    > LINES TERMINATED BY '\n'
    > SELECT province, total_stream
    > WHERE group_type='3'
    > INSERT OVERWRITE DIRECTORY
    > '/user/hive/total_stream/operator_result'
    > ROW FORMAT DELIMITED
```

```
> FIELDS TERMINATED BY ','
> LINES TERMINATED BY '\n'
> SELECT operator, total_stream
> WHERE group_type='4';
```

项目实训

1. 实训目标

（1）熟练掌握数据库、表和分区的基本操作。

（2）熟练掌握导入数据、查询数据和导出数据的方法。

2. 实训内容

二手房数据文件"house.txt"中包含区、地铁站、户型、面积（单位：平方米）、楼层、房屋总价（单位：万元）、房屋单价（单位：元/米^2）和是否近地铁 8 个字段的信息，如图 2-27 所示。

图 2-27 "house.txt"数据文件的部分内容

二手房数据仓库的分层设计如表 2-4 所示。

表 2-4 二手房数据仓库的分层设计

分　层	数据库	表	数据源
源数据层	houses_ods_database	houses_ods_table	二手房数据文件"house.txt"，表中字段包括 region、subway_station、type、area、floor_level、total_price、unit_price 和 distance
数据仓库层的明细层	houses_dwd_database	houses_dwd_table	以 region 为分区字段，对表 houses_ods_table 中的数据进行分区存储，表中字段包括 region、subway_station、type、area、floor_level、total_floor、total_price、unit_price 和 distance

表 2-4（续）

分　　层	数据库	表	数据源
数据仓库层的业务层	houses_dws_database	priceavg_dws_table	统计表 houses_dwd_table 中不同户型、面积、楼层、是否近地铁二手房的平均房价，表中字段包括 priceavg、type、area、floor_level、distance 和 group_type。其中，group_type 表示维度；当 group_type 为 1 时，表示户型维度；当 group_type 为 2 时，表示面积维度；当 group_type 为 3 时，表示楼层维度；当 group_type 为 4 时，表示是否近地铁维度

根据上述信息，完成以下操作。

（1）根据二手房数据仓库的分层设计，创建数据库和表。

（2）使用不同的数据导入方式将数据导入不同的表中。将表 houses_ods_table 中的数据导入表 houses_dwd_table 中时，需要将 floor_level 字段拆分为两个字段（floor_level 和 total_floor），参考示例如下。

```
#拆分出 floor_level 字段
SUBSTRING_INDEX(floor_level, '(', 1) AS floor_level,
#拆分出 total_floor 字段
SUBSTRING_INDEX(SUBSTRING_INDEX(floor_level, '共', -1), '层', 1) AS total_floor,
```

（3）查询表中数据，统计北京市内各区二手房的平均房价和在售数量、北京市二手房平均房价排名前 3 的房屋户型和北京市二手房平均房价最高的房屋楼层。

（4）将宽表 priceavg_dws_table 中北京市不同户型二手房和不同面积二手房的平均房价数据分别导出到本地文件系统的"/usr/local/hive/hive_data/type_result"和"/usr/local/hive/hive_data/area_result"目录中。

项目考核

1. 选择题

（1）数据仓库的特点不包括（　　）。

  A．主题性　　　　　　　　　　B．集成性

  C．不稳定性　　　　　　　　　D．历史性

(2) 数据仓库分层架构中，用于保存原始数据的是（　　）。

　　A．源数据层　　　　　　　　B．数据仓库层

　　C．数据应用层　　　　　　　D．数据中间层

(3) 为 Hive 提供数据存储和分布式计算的是（　　）。

　　A．用户接口　　　　　　　　B．Hadoop

　　C．驱动器　　　　　　　　　D．元数据库

(4) 在 Hive 中，使用（　　）关键字可以创建数据库。

　　A．CREATE DATABASE　　　　B．CREATE TABLE

　　C．SHOW　　　　　　　　　D．SHOW DATABASES

(5) 在 Hive 中，使用（　　）语句可以指定 MAP 类型字段中 key 与 value 之间的分隔符。

　　A．LINES TERMINATED BY 分隔符

　　B．FIELDS TERMINATED BY 分隔符

　　C．COLLECTION ITEMS TERMINATED BY 分隔符

　　D．MAP KEYS TERMINATED BY 分隔符

(6) 在 Hive 中，使用（　　）关键字可以创建分区表。

　　A．PARTITION BY　　　　　　B．TEMPORARY

　　C．CLUSTERED BY　　　　　　D．EXTERNAL

(7) 在 Hive 中，使用（　　）关键字可以创建桶表。

　　A．PARTITION BY　　　　　　B．TEMPORARY

　　C．CLUSTERED BY　　　　　　D．EXTERNAL

(8) 在 Hive 中，使用（　　）语句可以将存储在本地文件系统或 HDFS 中的数据加载到 Hive 表中。

　　A．LOAD [LOCAL] DATA INPATH … INTO TABLE …

　　B．LOAD DATA [LOCAL] INPATH … INTO TABLE …

　　C．LOAD DATA EXTERNAL INPATH … INTO TABLE …

　　D．LOAD DATA INTERNAL INPATH … INTO TABLE …

(9) 在 Hive 中，使用（　　）语句可以将单表查询的结果插入 Hive 表中。

　　A．EXPORT INTO TABLE … FROM …

　　B．IMPORT INTO TABLE … FROM …

　　C．INSERT OVERWRITE | INTO TABLE … FROM …

　　D．INSERT OVERWRITE | INTO TABLE … SELECT … FROM …

(10) 在 Hive 中，使用（　　）关键字可以实现条件查询。

　　A．GROUP BY　　　　　　　　B．STORED AS

　　C．DISTRIBUTE BY　　　　　　D．WHERE

(11) 在 Hive 中，使用（　　）关键字可以实现分组查询。
　　A．GROUP BY　　　　　　　　B．STORED AS
　　C．DISTRIBUTE BY　　　　　　D．PARTITION BY
(12) 在 Hive 中，使用（　　）关键字可以将 Hive 表导出到 HDFS 中。
　　A．EXPORT　　　　　　　　　B．CREATE
　　C．IMPORT　　　　　　　　　D．CREATE TABLE…AS

2．判断题

（1）数据仓库中的数据一般以只读格式保存，不可以修改，以确保数据的完整性和稳定性。　　　　　　　　　　　　　　　　　　　　　　　　　　　　　　（　）

（2）删除内部表时，会同时删除表的元数据和实际数据。　　　　　　　（　）

（3）在 Hive 中，使用 CREATE TABLE…AS 关键字可以将本地文件系统中的数据加载到 Hive 表中。　　　　　　　　　　　　　　　　　　　　　　　　　（　）

（4）在 Hive 中，使用 INSERT 关键字不能实现动态分区插入。　　　　（　）

（5）在 Hive 中，使用 SORT BY 关键字可以对查询结果进行全局排序。　（　）

（6）在 Hive 中，使用 INSERT OVERWRITE 关键字可以将 Hive 表中的数据导出到本地文件系统或 HDFS 的一个或多个目录中。　　　　　　　　　　　　（　）

3．简答题

（1）简述数据仓库中每个分层的作用。

（2）简述 Hive 中常用的数据导入和导出方式。

项目评价

请学生结合本项目的学习情况，对学习成果进行自评和互评（组内成员相互评分），请指导教师进行师评和总评，并将评价结果填入表 2-5 中。

表 2-5　学习成果评价表

评价项目	评价内容	评价分数			
		分值	自评	互评	师评
任务完成度（20%）	任务准备阶段，回答问题清晰准确，紧扣主题，没有明显错误	5分			
	任务实施阶段，根据操作步骤完成本任务	5分			
	项目实训阶段，出色地完成实训内容	5分			
	项目考核阶段，完成考核题目	5分			

表 2-5（续）

评价项目	评价内容	评价分数			
		分值	自评	互评	师评
知识 （35%）	数据仓库的特点、应用场景和分层架构	5 分			
	Hive 的架构、存储结构和表的存储格式	5 分			
	Hive 中数据库和表的基本操作	10 分			
	Hive 中导入数据、查询数据和导出数据的基本操作	15 分			
技能 （35%）	采用远程模式部署 Hive	10 分			
	根据业务需求合理设计并构建数据仓库	10 分			
	有效操作业务中的数据，包括向数据仓库导入数据、查询数据、导出数据等	15 分			
素养 （10%）	具有自主学习意识，做好课前准备	5 分			
	遵守规则，按规矩行事	5 分			
合计		100 分			
总评	综合得分：_____	指导教师签字：_____			
	综合等级：_____				

注：综合得分可按照"自评（25%）+互评（25%）+师评（50%）"进行计算；综合等级可以"优"（综合得分≥90 分）、"良"（80 分≤综合得分＜90 分）、"中"（60 分≤综合得分＜80 分）、"差"（综合得分＜60 分）为标准进行评价。

项目三

列式数据库 HBase

项目导读

列式数据库按列存储数据，能够有效提高数据的压缩效率和查询效率。HBase 是一个基于 Hadoop 生态系统的列式数据库，它提供了实时读写数据的功能，能够存储和管理大规模数据集。使用 HBase Shell 和 HBase Java API，开发者能够以直观和灵活的方式与 HBase 数据库进行交互，从而存储和管理数据。

本项目将介绍列式数据库和 HBase 的相关知识，采用完全分布式模式部署 HBase，使用 HBase Shell 和 HBase Java API 操作用户行为数据。

项目目标

知识目标

- 了解列式数据库的特点和应用场景。
- 熟悉 HBase 的特点、架构和存储结构。
- 掌握 HBase Shell 的常用命令，以及使用 HBase Shell 操作表和数据的方法。
- 掌握使用 HBase Java API 操作表和数据的方法。

技能目标

- 能采用完全分布式模式部署 HBase。
- 能使用 HBase Shell 操作表和数据，简单管理和查询大规模数据。
- 能使用 HBase Java API 操作表和数据，实现复杂的数据处理和分析任务。

素养目标

- 增强团结协作意识，实现共同进步。
- 学会利用事物间的关联性解决问题，提高逻辑思维能力。

任务一　采用完全分布式模式部署 HBase

任务描述

HBase 支持 3 种部署模式，分别为单机模式、伪分布式模式和完全分布式模式。在实际开发中，通常采用完全分布式模式部署 HBase。在这种模式下，HBase 集群将数据存储在 HDFS 中，并且由 HMaster、HRegionServer 和 Zookeeper 三大核心组件共同确保系统的高可用性、可靠性与可扩展性。

采用完全分布式模式部署 HBase 之前，我们先来学习一下列式数据库的特点和应用场景，以及 HBase 的特点、架构和存储结构。

任务准备

全班学生以 3～5 人为一组，各组选出组长。组长组织组员扫码观看"HBase 的逻辑模型和物理模型概述"视频，讨论并回答下列问题。

问题 1：简述 HBase 逻辑模型的概念。

问题 2：简述 HBase 物理模型的概念。

HBase 的逻辑模型和物理模型概述

一、列式数据库概述

列式数据库提供了一种与传统行式数据库不同的数据存储和处理方式，在存储和管理大规模数据、执行复杂查询和数据聚合等方面具有明显优势。

1. 列式数据库的特点

列式数据库的特点主要体现在以下几个方面。

（1）数据压缩效率高。列式数据库按列存储数据，实现了同类数据的连续存储。这种存储机制使得相同数据类型的信息集中存放，从而为高效压缩数据提供了有利条件。

（2）查询效率高。列式数据库进行数据查询时，可以只读取所需的列，而非整行数据，从而提高了数据的查询效率。

（3）数据模型灵活。列式数据库不仅可以存储结构化数据，还可以有效地存储非结构化和半结构化数据。

总的来说，列式数据库适用于频繁读取、高度压缩、批量处理与离线分析、复杂查询数据等场合。

2. 列式数据库的应用场景

在实际应用中，列式数据库已经广泛应用于金融领域、物联网、医疗保健、社交媒体、电信行业等，如图 3-1 所示。

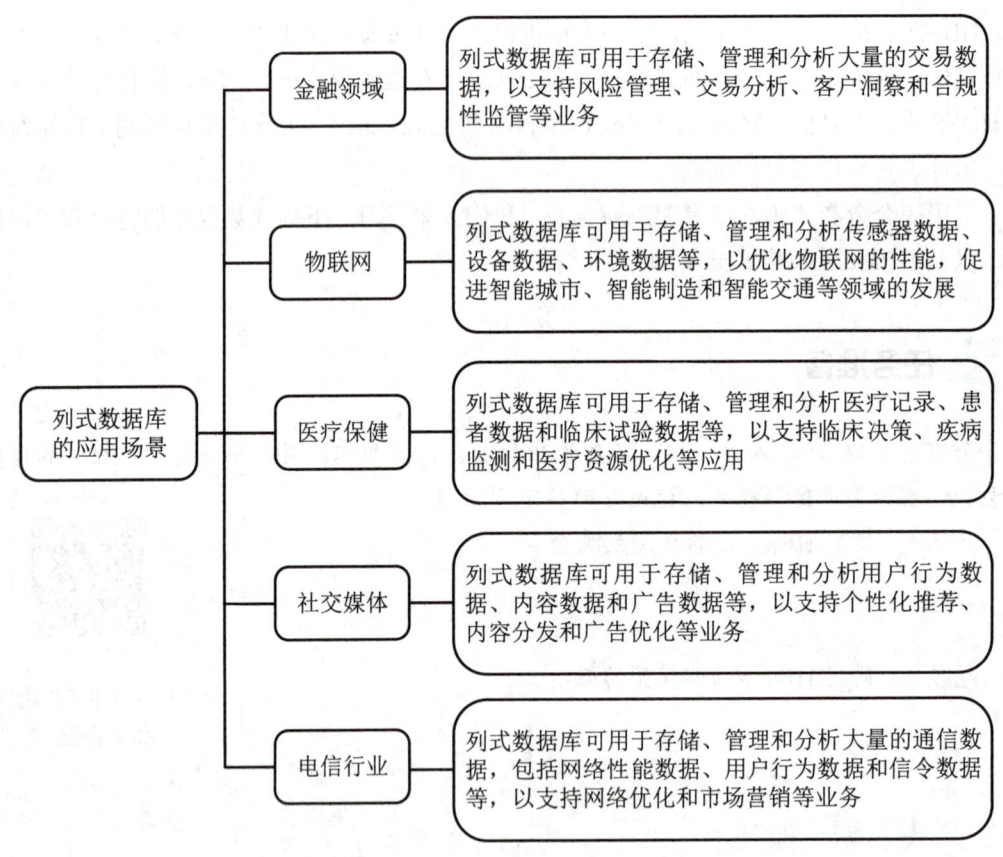

图 3-1 列式数据库的应用场景

二、HBase 的特点

HBase 最初只是 Hadoop 项目的一部分，现已成为 Apache 软件基金会（Apache software foundation，ASF）的顶级项目。目前，HBase 的社区活跃度非常高，越来越多的互联网公司在业务场景中使用 HBase 存储和管理数据。

HBase 除了具备列式数据库的特点，还具备以下特点。

（1）支持多版本数据。HBase 中的数据可以有多个版本，允许用户在不同时间点查看历史版本的数据。默认情况下，版本号是数据写入时的时间戳。

（2）支持稀疏数据模型。稀疏数据模型是指在数据存储中，很多数据项在多数情况下是空的或不存在的，只有少量数据项含有实际的值。HBase 支持稀疏数据模型，它可以只存储含有实际值的数据项，从而显著提高存储效率并节省存储空间。

三、HBase 的架构

HBase 的架构由客户端、Zookeeper、HMaster 和 HRegionServer 这 4 部分组成，如图 3-2 所示。

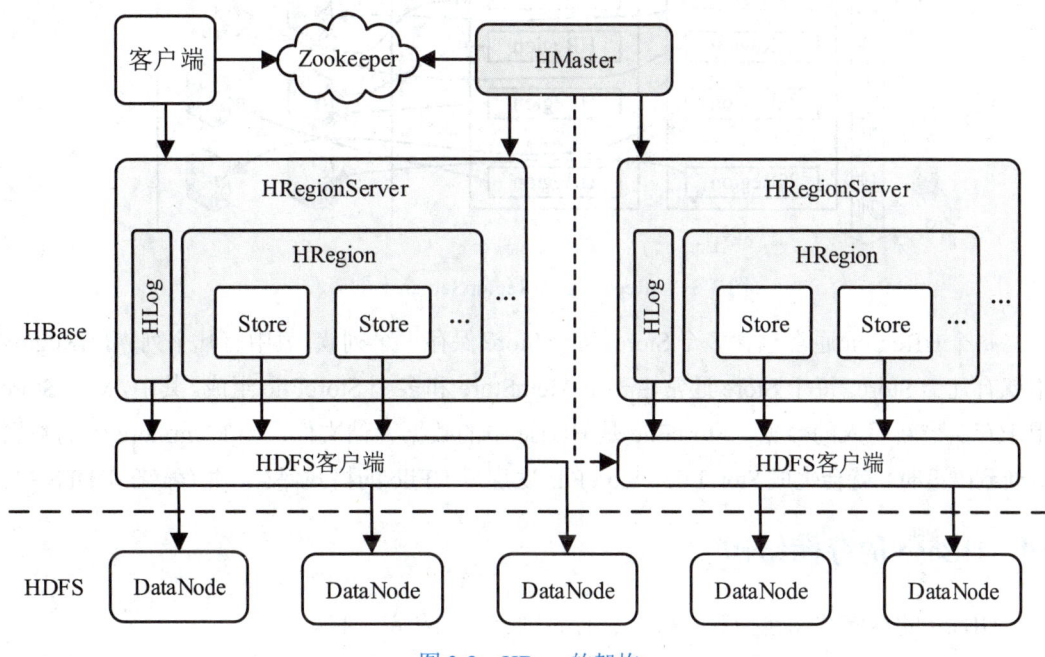

图 3-2　HBase 的架构

（1）客户端。客户端包含访问 HBase 的接口，是整个 HBase 集群的入口。客户端与 HMaster 和 HRegionServer 通信。其中，对于管理类的操作，客户端通过 Zookeeper 与 HMaster 通信；对于数据读写类的操作，客户端与 HRegionServer 通信。

（2）Zookeeper。Zookeeper 是由 Apache 维护的分布式协作服务，主要用于实现分布式系统中的 HMaster 选举、分布式协调、集群管理、负载均衡、分布式锁等功能。在 HBase 集群中，Zookeeper 可以保证在任何时刻总有唯一一个 HMaster 正常运行，从而为集群提供稳定、可靠的协作服务。

（3）HMaster。HMaster 是 HBase 集群中的服务器，主要负责将表中的 HRegion 分配到 HRegionServer 中，并监控集群中所有 HRegionServer 的运行状态。

（4）HRegionServer。HRegionServer 是 HBase 中主要的数据处理节点，负责管理 HRegion，并响应用户的数据读写请求。每个 HRegionServer 可以管理多个 HRegion，并对应一个 HLog。

① HLog。HLog 中记录了所有数据的变更操作（如插入、更新和删除等），即使 HBase 在写入数据的过程中出现故障，也能通过 HLog 中的记录来恢复数据，从而确保数据的完整性和一致性。

② HRegion。HRegion 表示分区，是数据存储和访问的基本单元，一个表中通常包含多个 HRegion，同一个 HRegion 只能分配到同一个 HRegionServer，如图 3-3 所示。

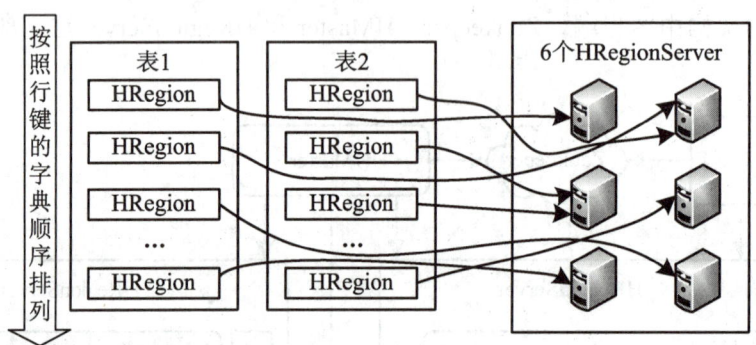

图 3-3　HRegion 在 HRegionServer 上的分布

每个 HRegion 通常包含多个 Store，每个 Store 保存一个列族。表中有几个列族，HRegion 中就有几个 Store。每个 Store 通常由一个 MemStore 和多个 StoreFile 组成。其中，MemStore 用于存储最新写入的数据，StoreFile 是 HBase 中的数据存储文件，当 MemStore 中的数据刷新到磁盘时，就会生成 StoreFile。StoreFile 底层以 HFile 的格式保存，并存储在 HDFS 中。

四、HBase 的存储结构

HBase 的存储结构包括表、分区、行、列族、列和单元格。

（1）表（table）。表是最大的逻辑单元，用于组织数据。它包含一个或多个行和列族，并且通常被水平分割为多个分区。

（2）分区（region）。HBase 表可以根据行键范围进行水平分区，每个分区包含一定范围的行。

（3）行（row）。行是表中的一条记录，由一个行键（row key）和列族中的列组成。行键是每行数据的唯一标识符，使用它可以快速检索和访问特定行的数据。

（4）列族（column family）。列族由若干列组成，列族内的所有列都存储在同一个底层存储文件中，因此具有相似的访问模式和压缩设置的列应该组织到同一个列族中。

（5）列（column）。列用于存储具有相同数据类型或属性的数据，它由列族和列限定符（column qualifier）组成。完整的列名由列族名、分隔符（：）和列限定符名组成，如"family:qualifier"。

（6）单元格（cell）。单元格是 HBase 中的数据存储单元，行键、列族和列限定符共

同确定一个单元格。每个单元格数据都有一个时间戳，用于标识数据的版本（version）。HBase 表中的单元格内容没有特定的数据类型，通常以二进制字节形式存储。

高手点拨

为便于理解 HBase 中数据的存储结构，下面通过一个实例进行说明。

假设表 3-1 是一个存储了图书借阅信息的 HBase 表，表中的图书编号是行键，用来唯一标识每本图书的信息；列族 info 中包含了两个列，分别是 book_name 和 date，用来保存书名和借阅时间。表中的单元格由行键、列族和列限定符共同确定，如"2023-9-9"所在单元格由行键 956211、列族 info 和列限定符 date 共同确定。此外，图书编号为 956212 的图书存在两个版本的借阅信息，所以有两个时间戳 t1 和 t2，时间戳较大的数据版本较新，即"2023-9-20"为最新的数据版本。

表 3-1　图书借阅表

行键	info	
	book_name	date
956210	数据库原理	2023-9-5
956211	C语言程序设计	2023-9-9
956212	三国演义	2023-9-20 / 2023-9-1

t1=2023-09-20T17:57:39.210
t2=2023-09-01T10:23:19.265

任务实施

任务分析　HBase 的运行离不开 Hadoop 集群环境，因此本书在 Hadoop 完全分布式集群中部署 HBase。采用完全分布式模式部署 HBase 需要安装并配置 Zookeeper，部署 HBase 集群。

采用完全分布式模式部署 HBase

1. 安装并配置 Zookeeper

采用完全分布式模式部署 HBase 通常使用外部组件 Zookeeper 协调和管理 HBase 集群，本书使用 Zookeeper 3.7.2。

步骤 1　启动 Master 主机的浏览器，访问 Zookeeper 官方网站（https://zookeeper.apache.org），在首页中单击"Download"链接文字，然后在打开的版本页面中单击"Apache Zookeeper 3.7.2"链接文字，如图 3-4 所示。

步骤 2　在打开的下载页面中单击"https://dlcdn.apache.org/zookeeper/zookeeper-3.7.2/apache-zookeeper-3.7.2-bin.tar.gz"链接文字（见图 3-5），下载 Zookeeper 安装文件。

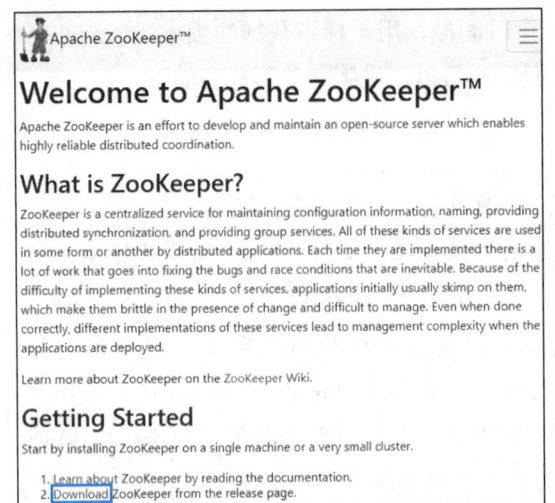

图 3-4　选择 Zookeeper 版本

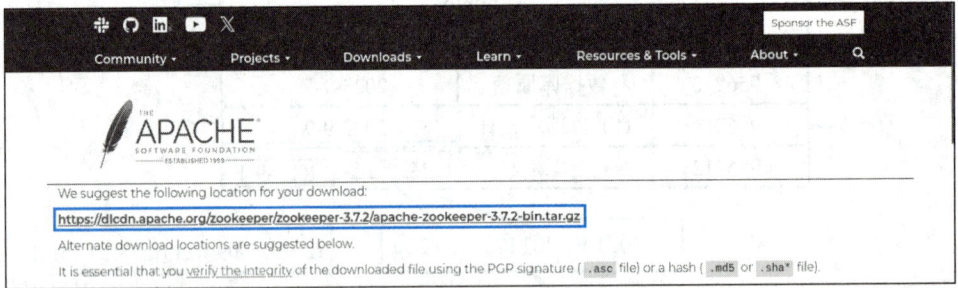

图 3-5　单击下载链接文字

步骤 3　启动 Master 主机的终端，执行如下命令，将 Zookeeper 安装文件解压到 "/usr/local/hadoop" 目录中；然后将 "apache-zookeeper-3.7.2-bin" 目录重命名为 "zookeeper"；最后将 "zookeeper" 的所有权限赋予 hadoop 用户。

```
[hadoop@Master ~]$ cd ~/下载
[hadoop@Master 下载]$ sudo tar -zxvf apache-zookeeper-3.7.2-bin.tar.gz -C /usr/local/hadoop
[hadoop@Master 下载]$ cd /usr/local/hadoop
[hadoop@Master hadoop]$ mv apache-zookeeper-3.7.2-bin zookeeper
[hadoop@Master hadoop]$ sudo chown -R hadoop ./zookeeper
```

步骤 4　在 Master 主机上执行如下命令，打开 ".bashrc" 配置文件；然后在文件首行添加如下配置信息；最后保存并关闭配置文件。

```
[hadoop@Master hadoop]$ vim ~/.bashrc
#配置信息
```

```
export ZOOKEEPER_HOME=/usr/local/hadoop/zookeeper
export PATH=$PATH:$ZOOKEEPER_HOME/bin
```

步骤 5 在 Master 主机上执行如下命令，使配置信息生效。

```
[hadoop@Master hadoop]$ source ~/.bashrc
```

步骤 6 在 Master 主机上执行如下命令，将 Zookeeper 安装目录的"conf"目录中的"zoo_sample.cfg"配置文件重命名为"zoo.cfg"。

```
[hadoop@Master hadoop]$ cd zookeeper
[hadoop@Master zookeeper]$ mv ./conf/zoo_sample.cfg ./conf/zoo.cfg
```

步骤 7 在 Master 主机上执行如下命令，在 Zookeeper 安装目录中创建 Zookeeper 数据存储目录"mkdata"，并将该目录的所有权限赋予 hadoop 用户。

```
[hadoop@Master zookeeper]$ sudo mkdir mkdata
[hadoop@Master zookeeper]$ sudo chown -R hadoop ./mkdata
```

步骤 8 在 Master 主机上执行如下命令，打开"zoo.cfg"配置文件；然后在文件首行添加如下配置信息；最后保存并关闭配置文件。

```
[hadoop@Master zookeeper]$ vim ./conf/zoo.cfg
#配置信息
dataDir=/usr/local/hadoop/zookeeper/mkdata
server.1=Master:2888:3888
server.2=Worker1:2888:3888
server.3=Worker2:2888:3888
```

> **小 提 示**
>
> 注意"zoo.cfg"配置文件中已经包含"dataDir=/tmp/zookeeper"配置信息，需要先找到该配置信息，然后使用注释符（#）将其注释掉。

步骤 9 在 Master 主机上执行如下命令，在 Zookeeper 数据存储目录中创建并打开"myid"配置文件；然后在文件首行添加如下配置信息。

```
[hadoop@Master zookeeper]$ sudo vim ./mkdata/myid
#配置信息,Master 主机对应的 server 编号 1
1
```

步骤 10 在 Master 主机上执行如下命令，将"zookeeper"目录分别复制到 Worker1 和 Worker2 主机的相应目录中，避免重复安装和配置 Zookeeper。

```
[hadoop@Master zookeeper]$ scp -r /usr/local/hadoop/zookeeper
```

```
Worker1:/usr/local/hadoop/zookeeper
    [hadoop@Master zookeeper]$ scp -r /usr/local/hadoop/zookeeper
Worker2:/usr/local/hadoop/zookeeper
```

步骤 11 分别在 Worker1 和 Worker2 主机上打开 "myid" 配置文件；然后将文件中首行的内容分别修改为 2 和 3。

步骤 12 参考步骤 4 和步骤 5，分别在 Worker1 和 Worker2 主机中设置相同的配置信息。

步骤 13 在 Master 主机上执行如下命令，启动 Zookeeper。

```
[hadoop@Master zookeeper]$ zkServer.sh start
```

步骤 14 在 Master 主机上执行如下命令，查看进程。若显示的进程中含有 QuorumPeerMain，则证明 Zookeeper 启动成功，如图 3-6 所示。

```
[hadoop@Master zookeeper]$ jps
```

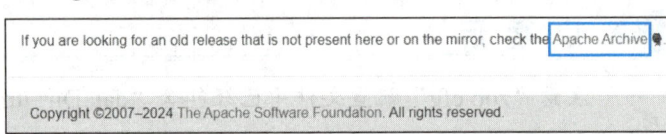

图 3-6　Master 主机的进程

步骤 15 使用相同的方法，分别在 Worker1 和 Worker2 主机上启动 Zookeeper，并验证 Zookeeper 是否启动成功。

2. 部署 HBase 集群

部署 HBase 集群需要先安装 HBase，然后设置其配置信息。

步骤 1 启动 Master 主机的浏览器，访问 HBase 官方网站（https://hbase.apache.org），在首页中单击 "Download" 下方的 "here" 链接文字；然后在打开的下载页面下方单击 "Apache Archive" 链接文字；接着在打开的版本页面中单击 "2.4.14/" 链接文字；最后在打开的页面中单击 "hbase-2.4.14-bin.tar.gz" 链接文字，下载 HBase 安装文件，如图 3-7 所示。

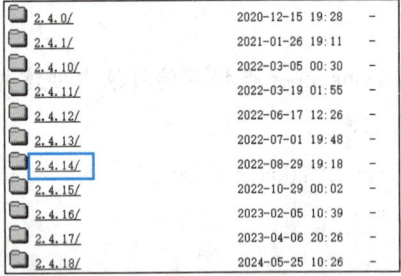
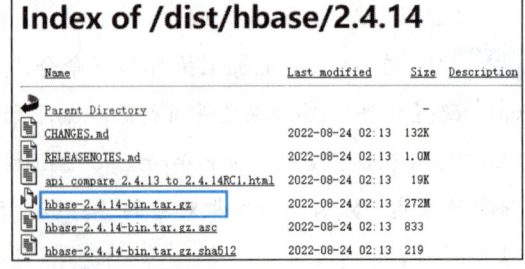

图 3-7　下载 HBase 安装文件

步骤 2 启动 Master 主机的终端，执行如下命令，将 HBase 安装文件解压到 "/usr/local" 目录中；然后将 "hbase-2.4.14" 目录重命名为 "hbase"；最后将 "hbase" 目录的所有权限赋予 hadoop 用户。

```
[hadoop@Master ~]$ cd ~/下载
[hadoop@Master 下载]$ sudo tar -zxf hbase-2.4.14-bin.tar.gz -C /usr/local
[hadoop@Master 下载]$ cd /usr/local
[hadoop@Master local]$ sudo mv hbase-2.4.14 hbase
[hadoop@Master local]$ sudo chown -R hadoop ./hbase
```

步骤 3 在 Master 主机上执行如下命令，打开".bashrc"配置文件；然后在文件首行添加如下配置信息；最后保存并关闭配置文件。

```
[hadoop@Master local]$ vim ~/.bashrc
#配置信息
export HBase_HOME=/usr/local/hbase
export PATH=$PATH:$HBase_HOME/bin
```

步骤 4 在 Master 主机上执行如下命令，使配置信息生效。

```
[hadoop@Master local]$ source ~/.bashrc
```

步骤 5 在 Master 主机上执行如下命令，打开"hbase-env.sh"配置文件；然后添加如下配置信息，配置 JDK 环境变量，并配置使用外部组件 Zookeeper 管理 HBase；最后保存并关闭配置文件。

```
[hadoop@Master local]$ cd /usr/local/hbase/conf
[hadoop@Master conf]$ vim hbase-env.sh
#配置信息
export JAVA_HOME=/usr/lib/jvm/jdk1.8.0_151
export HBASE_MANAGES_ZK=false
export HBASE_DISABLE_HADOOP_CLASSPATH_LOOKUP="true"
```

步骤 6 在 Master 主机上执行如下命令，打开"hbase-site.xml"配置文件；然后将<configuration></configuration>标签中的内容替换为如下配置信息；最后保存并关闭配置文件。

```
[hadoop@Master conf]$ gedit hbase-site.xml
#配置信息
<property>
    <name>hbase.cluster.distributed</name>
    <value>true</value>
</property>
<property>
    <name>hbase.rootdir</name>
```

```
        <value>hdfs://Master:9000/hbase</value>
    </property>
    <property>
        <name>hbase.zookeeper.quorum</name>
        <value>Master,Worker1,Worker2</value>
    </property>
```

步骤 7 在 Master 主机上执行如下命令，打开"regionservers"配置文件；然后删除文件中原有的内容并添加如下配置信息；最后保存并关闭配置文件。

```
[hadoop@Master conf]$ vim regionservers
#配置信息
Master
Worker1
Worker2
```

步骤 8 在 Master 主机上执行如下命令，将 Hadoop 的配置文件"hdfs-site.xml"复制到 HBase 安装目录的"conf"目录中，方便在 HBase 中使用 HDFS。

```
[hadoop@Master conf]$ cp /usr/local/hadoop/etc/hadoop/hdfs-site.xml /usr/local/hbase/conf
```

步骤 9 分别在 Worker1 和 Worker2 主机上执行如下命令，将"/usr/local"目录的所有权限赋予 hadoop 用户。

```
[hadoop@Worker1 ~]$ sudo chown -R hadoop /usr/local
```

步骤 10 在 Master 主机上执行如下命令，将"hbase"目录分别复制到 Worker1 和 Worker2 主机的相应目录中，避免重复安装和配置 HBase。

```
[hadoop@Master conf]$ scp -r /usr/local/hbase Worker1:/usr/local/hbase
[hadoop@Master conf]$ scp -r /usr/local/hbase Worker2:/usr/local/hbase
```

步骤 11 参考步骤 3 和步骤 4，分别在 Worker1 和 Worker2 主机上设置相同的配置信息。

步骤 12 分别在 Worker1 和 Worker2 主机上执行如下命令，将"hbase"目录的所有权限赋予 hadoop 用户。

```
[hadoop@Worker1 ~]$ sudo chown -R hadoop /usr/local/hbase
[hadoop@Worker2 ~]$ sudo chown -R hadoop /usr/local/hbase
```

步骤 13 在 Master 主机上执行如下命令，启动 HBase。启动过程中，根据提示信息输入"yes"。

```
[hadoop@Master conf]$ start-hbase.sh
```

项目三 列式数据库 HBase

 小 提 示

启动 HBase 之前，需要确保 HDFS、YARN 和 3 台主机的 Zookeeper 均处于启动状态。

步骤14 在 Master 主机上执行如下命令，查看进程。若显示的进程中含有 HMaster 和 HRegionServer，则证明 HBase 启动成功，如图 3-8 所示。

```
[hadoop@Master conf]$ jps
```

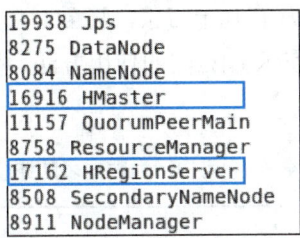

图 3-8 Master 主机的进程

步骤15 分别查看 Worker1 和 Worker2 主机的进程。若显示的进程中含有 HRegionServer，则证明 HBase 启动成功。

步骤16 启动 Master 主机的浏览器，访问"http://Master:16010"，打开 HBase 的 Web 页面，如图 3-9 所示。在该页面中，用户可以查看表详情、操作过程和锁、HBase 检查报告等信息。

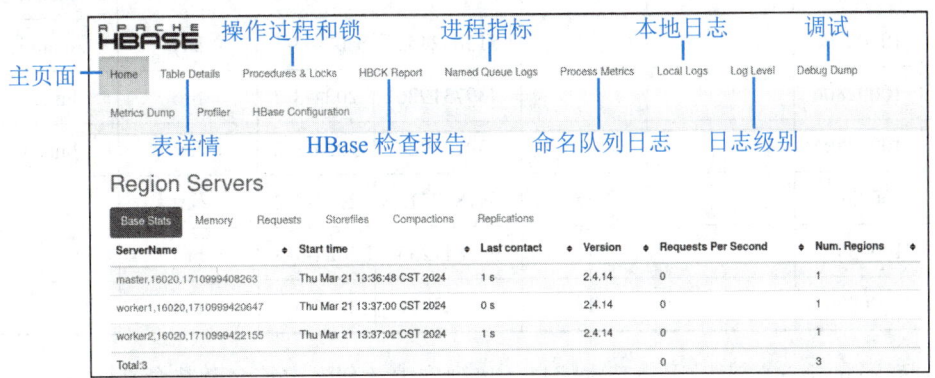

图 3-9 HBase 的 Web 页面

 高手点拨

当不再使用 HBase 时，可以使用"stop-hbase.sh"命令关闭 HBase。

任务二 使用 HBase Shell 操作用户行为数据

任务描述

用户在使用互联网的过程中，任何一个简单的行为（如搜索、浏览、购买等）都会产生大量的数据。用户行为数据通常有几十万条，甚至上百万条，使用 HBase 存储和管理这些数据是个不错的选择。为便于演示 HBase 的使用方法，假设用户行为数据表中只有 10 条数据，其逻辑模型如表 3-2 所示。

表 3-2 用户行为数据表的逻辑模型

行键	user_info			behavior_info			
	user_id	user_name	user_age	item_id	behavior_time	behavior_type	behavior_address
100001	10001082	liuna	22	283359776	2024-3-1	bro	beijing
100002	10001082	liuna	22	283359776	2024-3-1	cart	beijing
100003	10001082	liuna	22	266522168	2024-3-1	buy	beijing
100004	10002806			385422168	2024-3-1	cart	shanxi
100005	10002806			515632452	2024-3-1	buy	shanxi
100006	10002806			739731926	2024-3-2	bro	hunan
100007	10002806			739731926	2024-3-2	fav	hunan
100008	10003905		18	541847413	2024-3-2	cart	
100009	10003905		18	965841235	2024-3-3	bro	
100010	10003905		18	665423211	2024-3-3	fav	

（1）列族 user_info 表示用户基本信息。该列族中各列限定符名及其含义如下。

① user_id：用户 ID。

② user_name：用户名。

③ user_age：用户年龄。

（2）列族 behavior_info 表示用户行为信息。该列族中各列限定符名及其含义如下。

① item_id：商品 ID。

② behavior_time：用户行为发生的时间。

③ behavior_type：用户行为类型，包含浏览商品（bro）、收藏商品（fav）、加购商品（cart）和购买商品（buy）。

④ behavior_address：用户行为发生所在地。

用户行为数据可以反映出用户的购物情况、购物习惯和偏好，操作用户行为数据能够帮助电商平台保存用户数据、构建用户画像、提升用户体验，从而促进商品销售量增长。

在使用 HBase Shell 操作用户行为数据之前，我们先来学习一下 HBase Shell 的常用命令，以及使用 HBase Shell 操作表和数据的基本方法。

全班学生以 3~5 人为一组，各组选出组长。组长组织组员扫码观看"Shell 概述"视频，讨论并回答下列问题。

问题 1：简述 Shell 的定义。

Shell 概述

问题 2：简述使用 HBase Shell 操作 HBase 的优势。

一、HBase Shell 的常用命令

HBase Shell 是 HBase 自带的命令行工具。通过 HBase Shell，用户可以直接使用语句来完成表和数据的常见操作，无须编写额外代码或使用其他工具。这种交互方式简单直观，使得用户能够更加轻松地使用 HBase，同时也为用户提供了最基本的学习和探索 HBase 功能的途径。HBase Shell 的常用命令如下。

（1）HBase 启动成功后，输入如下命令可以启动 HBase Shell，启动成功的界面如图 3-10 所示。

```
hbase shell
```

```
[hadoop@Master ~]$ hbase shell
SLF4J: Class path contains multiple SLF4J bindings.
SLF4J: Found binding in [jar:file:/usr/local/hadoop/share/hadoop/common/lib/slf4j-reload4j-1.7.36.jar!/org/slf4j/impl/StaticLoggerBinder.class]
SLF4J: Found binding in [jar:file:/usr/local/hbase/lib/client-facing-thirdparty/slf4j-reload4j-1.7.33.jar!/org/slf4j/impl/StaticLoggerBinder.class]
SLF4J: See http://www.slf4j.org/codes.html#multiple_bindings for an explanation.
SLF4J: Actual binding is of type [org.slf4j.impl.Reload4jLoggerFactory]
HBase Shell
Use "help" to get list of supported commands.
Use "exit" to quit this interactive shell.
For Reference, please visit: http://hbase.apache.org/2.0/book.html#shell
Version 2.4.14, r2e7d75a892000071a7479b2f668c4db7a241be3f, Tue Aug 23 23:33:09 UTC 2022
Took 0.0013 seconds
hbase:001:0>
```

图 3-10　HBase Shell 启动成功的界面

> **高手点拨**
>
> 在 Shell 环境中执行"exit"命令可以退出 HBase Shell。

（2）使用 help 命令可以在不借助网络或其他参考资料的情况下快速获取命令的帮助信息，其语法格式如下。

```
help ['命令名']
```

其中，"'命令名'"为可选项，用于查看指定命令的详细用法和参数，不指定命令名时会以分组的形式显示所有命令。

二、表的基本操作

与关系型数据库不同，HBase 中没有数据库的概念，其基本组成单位为表。表的基本操作包括创建表、判断表是否存在、显示表、查看表信息、修改表、禁用表、启用表和删除表等。

1. 创建表

使用 create 命令可以创建表，其语法格式如下。创建表时须指明表名和列族名。

```
create '表名', '列族名1', '列族名2' …                           #方法1
create '表名', {NAME=>'列族名 1'[, VERSIONS=>版本号]}, {NAME=>'列族名2'[, VERSIONS=>版本号]} …                                          #方法2
```

其中，方括号表示内容为可选项；符号"=>"表示将后面的值赋给指定的参数；版本号表示列族版本数，用于指定单元格内的数据可以保留的版本个数。

2. 判断表是否存在

使用 exists 命令可以判断指定表是否存在，其语法格式如下。

```
exists '表名'
```

3. 显示表

使用 list 命令可以显示 HBase 中的所有表，其语法格式如下。

```
list
```

4. 查看表信息

使用 describe 命令可以查看表的结构信息，其语法格式如下。

```
describe '表名'
```

5. 修改表

使用 alter 命令可以修改表，如修改列族版本数、添加或删除列族等。alter 命令的语法格式如下。

```
#修改列族版本数
alter '表名', {NAME=>'列族名1', VERSIONS=>版本号}, {NAME=>'列族名2',
VERSIONS=>版本号} …
#添加列族
alter '表名', '列族名1', '列族名2' …
#删除列族
alter '表名', {NAME=>'列族名1', METHOD=>'delete'}, {NAME=>'列族名2',
METHOD=>'delete'} …
```

6. 禁用表

使用 disable 命令和 disable_all 命令可以禁用表。

（1）使用 disable 命令可以禁用指定表，其语法格式如下。

```
disable '表名'
```

（2）使用 disable_all 命令可以禁用所有满足正则表达式的表，其语法格式如下。

```
disable_all '正则表达式'
```

> **高手点拨**
>
> 使用 is_disabled 命令可以判断指定表是否禁用，其语法格式如下。
>
> ```
> is_disabled '表名'
> ```
>
> 使用该命令时，结果返回 true，表示已禁用；结果返回 false，表示未禁用。

7. 启用表

使用 enable 命令和 enable_all 命令可以启用表。

（1）使用 enable 命令可以启用指定表，其语法格式如下。

```
enable '表名'
```

（2）使用 enable_all 命令可以启用所有满足正则表达式的表，其语法格式如下。

```
enable_all '正则表达式'
```

> **高手点拨**
>
> 使用 is_enabled 命令可以判断指定表是否启用，其语法格式如下。
>
> ```
> is_enabled '表名'
> ```

8. 删除表

删除表分两步进行，首先禁用表，然后删除表。使用 drop 命令和 drop_all 命令可以删除表。

（1）使用 drop 命令可以删除指定表，其语法格式如下。

```
disable '表名'
drop '表名'
```

（2）使用 drop_all 命令可以删除所有满足正则表达式的表，其语法格式如下。

```
disable_all '正则表达式'
drop_all '正则表达式'
```

【例 3-1】 操作表 student。

步骤 1 执行如下语句，创建表 student。表中包含列族 stu_info 和 stu_grade，且列族版本数分别为 2 和 5。

```
create 'student',{NAME=>'stu_info',VERSIONS=>2},{NAME=>'stu_grade',VERSIONS=>5}
```

步骤 2 执行如下语句，判断表 student 是否存在，结果如图 3-11 所示。

```
exists 'student'
```

步骤 3 执行如下语句，查看 HBase 中的所有表，结果如图 3-12 所示。

```
list
```

```
hbase:006:0> exists 'student'
Table student does exist
Took 0.0282 seconds
=> true
```

```
hbase:001:0> list
TABLE
student
```

图 3-11　判断表 student 是否存在的结果　　　　图 3-12　HBase 中的所有表

步骤 4 执行如下语句，查看表 student 的信息，结果如图 3-13 所示。

```
describe 'student'
```

```
hbase:002:0> describe 'student'
Table student is ENABLED
student
COLUMN FAMILIES DESCRIPTION
{NAME => 'stu_grade', BLOOMFILTER => 'ROW', IN_MEMORY => 'false', VERSIONS => '5', KEEP_DELETED_CELLS => 'FALSE', DAT
A_BLOCK_ENCODING => 'NONE', COMPRESSION => 'NONE', TTL => 'FOREVER', MIN_VERSIONS => '0', BLOCKCACHE => 'true', BLOCK
SIZE => '65536', REPLICATION_SCOPE => '0'}

{NAME => 'stu_info', BLOOMFILTER => 'ROW', IN_MEMORY => 'false', VERSIONS => '2', KEEP_DELETED_CELLS => 'FALSE', DATA
_BLOCK_ENCODING => 'NONE', COMPRESSION => 'NONE', TTL => 'FOREVER', MIN_VERSIONS => '0', BLOCKCACHE => 'true', BLOCKS
IZE => '65536', REPLICATION_SCOPE => '0'}
```

图 3-13　表 student 的信息

步骤 5 执行如下语句，在表 student 中添加列族 test。

```
alter 'student', 'test'
```

步骤 6 执行如下语句，将表 student 中列族 stu_info 的版本数修改为 4。

```
alter 'student',{NAME=>'stu_info',VERSIONS=>4}
```

步骤 7 执行如下语句，删除表 student 中的列族 test。

```
alter 'student',{NAME=>'test',METHOD=>'delete'}
```

步骤 8 执行如下语句，禁用表 student。

```
disable 'student'
```

步骤 9 执行如下语句，判断表 student 是否禁用。结果返回 true，表示表 student 已禁用，如图 3-14 所示。

```
is_disabled 'student'
```

```
hbase:009:0> is_disabled 'student'
true
Took 0.0132 seconds
=> true
```

图 3-14 判断表 student 是否禁用的结果

步骤 10 执行如下语句，删除表 student。

```
drop 'student'
```

三、数据的基本操作

数据操作是指对表中的数据进行操作，包括插入/更新数据、查询数据、删除数据、批量导入与导出数据等。

1. 插入/更新数据

使用 put 命令可以向表中插入数据或更新表中的数据，其语法格式如下。如果单元格中已有数据，则在不考虑时间戳的情况下，执行 put 命令将更新单元格中已有的数据。

```
put '表名','行键','列族名[:列限定符名]','列值'
```

2. 查询数据

使用 get 命令和 scan 命令可以查询表中的数据。

（1）使用 get 命令既可以查询表中指定行的数据，又可以查询表中指定的多个或一个单元格的数据（行键和列族名共同确定多个单元格，行键和列名共同确定一个单元格），其语法格式如下。

```
#查询指定行或指定单元格的数据
get '表名','行键' [,'列族名1[:列限定符名1]','列族名2[:列限定符名2]' …]
#查询指定的一个列族的多个或一个单元格的数据
get '表名','行键', {COLUMN=>'列族名[:列限定符名]'}
#查询指定的多个列族的多个单元格的数据，列族名外的方括号不能省略
get '表名','行键', {COLUMN=>['列族名1[:列限定符名1]','列族名2[:列限定符名2]' …]}
#查询指定列族的多个或一个单元格的指定版本号的数据
get '表名','行键', {COLUMN=>'列族名[:列限定符名]',VERSIONS=>版本号}
```

（2）使用 scan 命令既可以查询表中的全部数据，又可以查询表中指定列族名或列名的数据，其语法格式如下。

```
#查询全部数据，或者指定的一个列族或列的数据
scan '表名'[, {COLUMN=>'列族名[:列限定符名]'}]
#查询指定的多个列族或列的数据，列族名外的方括号不能省略
scan '表名', {COLUMNS=>['列族名1[:列限定符名1]', '列族名2[:列限定符名2]' ...]}
#查询指定列族或列的数据，并指定返回的行数
scan '表名', {COLUMNS=>'列族名[:列限定符名]', LIMIT=>行数}
#查询指定列族或列，同时指定行键范围的数据。起始行键和结束行键可同时存在，也可任选其一
scan '表名', {COLUMNS=>'列族名[:列限定符名]', STARTROW=>'起始行键', ENDROW=>'结束行键'}
```

> **小提示**
>
> 需要注意的是，同时使用 STARTROW 和 ENDROW 限制查询范围时，查询结果为 STARTROW（包含该行键）和 ENDROW（不包含该行键）之间的所有行的数据。

3. 删除数据

使用 delete 命令和 deleteall 命令可以删除数据。

（1）使用 delete 命令可以删除表中指定单元格的数据，其语法格式如下。

```
delete '表名', '行键', '列族名:列限定符名'[, 时间戳]
```

（2）使用 deleteall 命令既可以删除表中的整行数据，又可以删除表中指定单元格的数据，其语法格式如下。

```
deleteall '表名', '行键'[, '列族名:列限定符名'] [, 时间戳]
```

【例 3-2】 操作表 student 中的数据。

步骤 1 执行如下语句，创建表 student。

```
create 'student', {NAME=>'stu_info', VERSIONS=>2}, {NAME=>'stu_grade', VERSIONS=>5}
```

步骤 2 执行如下语句，向表 student 中插入数据。

```
put 'student', '20231001', 'stu_info:name', 'Lisi'
put 'student', '20231001', 'stu_info:sex', 'female'
put 'student', '20231001', 'stu_info:class', '1'
put 'student', '20231001', 'stu_grade:Chinese', '95'
put 'student', '20231001', 'stu_grade:English', '99'
```

高手点拨

步骤 2 中插入一条学号为 20231001，姓名为 Lisi，性别为 female，班级为 1 班，语文、英语科目成绩分别为 95 分和 99 分的数据。

步骤 3 执行如下语句，继续向表 student 中插入两行数据。

```
#插入第二行数据
put 'student', '20231002', 'stu_info:name', 'Zhangxin'
put 'student', '20231002', 'stu_info:sex', 'male'
put 'student', '20231002', 'stu_info:class', '2'
put 'student', '20231002', 'stu_grade:Chinese', '90'
put 'student', '20231002', 'stu_grade:English', '95'
#插入第三行数据
put 'student', '20231003', 'stu_info:name', 'Wangwei'
put 'student', '20231003', 'stu_info:sex', 'male'
put 'student', '20231003', 'stu_info:class', '3'
put 'student', '20231003', 'stu_grade:Chinese', '92'
put 'student', '20231003', 'stu_grade:English', '93'
```

步骤 4 执行如下语句，将表 student 中行键为 20231001 的学生姓名由 Lisi 更新为 Lisan。

```
put 'student', '20231001', 'stu_info:name', 'Lisan'
```

步骤 5 执行如下语句，查询表 student 中行键为 20231001 的数据，结果如图 3-15 所示。

```
get 'student', '20231001'
```

```
COLUMN                CELL
stu_grade:Chinese     timestamp=2024-06-22T14:09:37.176, value=95
stu_grade:English     timestamp=2024-06-22T14:09:37.223, value=99
stu_info:class        timestamp=2024-06-22T14:09:37.102, value=1
stu_info:name         timestamp=2024-06-22T14:09:55.990, value=Lisan
stu_info:sex          timestamp=2024-06-22T14:09:37.010, value=female
```

图 3-15　行键为 20231001 的数据

步骤 6 执行如下语句，查询表 student 中行键为 20231001、列族名为 stu_info、列限定符名为 name 的两个版本数据，结果如图 3-16 所示。

```
get 'student', '20231001', {COLUMN=>'stu_info:name', VERSIONS=>2}
```

```
COLUMN           CELL
stu_info:name    timestamp=2024-06-22T14:09:55.990, value=Lisan
stu_info:name    timestamp=2024-06-22T14:09:36.797, value=Lisi
```

图 3-16　行键为 20231001、列族名为 stu_info、列限定符名为 name 的两个版本数据

步骤 7 执行如下语句，查询表 student 中列族名为 stu_info、列限定符名为 name 和 class 的前两行数据，结果如图 3-17 所示。

```
scan 'student', {COLUMNS=>['stu_info:name', 'stu_info:class'],
LIMIT=>2}
```

```
ROW                 COLUMN+CELL
 20231001           column=stu_info:class, timestamp=2024-06-22T14:09:37.102, value=1
 20231001           column=stu_info:name, timestamp=2024-06-22T14:09:55.990, value=Lisan
 20231002           column=stu_info:class, timestamp=2024-06-22T14:09:43.767, value=2
 20231002           column=stu_info:name, timestamp=2024-06-22T14:09:43.675, value=Zhangxin
```

图 3-17 列族名为 stu_info、列限定符名为 name 和 class 的前两行数据

步骤 8 执行如下语句，删除表 student 中行键为 20231001、列族名为 stu_grade、列限定符名为 English 的数据。

```
delete 'student', '20231001', 'stu_grade:English'
```

步骤 9 执行如下语句，删除表 student 中行键为 20231001 的全部数据。

```
deleteall 'student', '20231001'
```

4. 批量导入与导出数据

（1）向 HBase 表中批量导入数据的常用方法有以下 3 种。

① 使用 HBase 的 ImportTsv 命令将存储在 HDFS 中的文本文件导入 HBase 表中，文件中的数据之间应当有明确的分隔符（如 Tab、逗号等）。使用 ImportTsv 命令批量导入数据的语法格式如下。

```
hbase org.apache.hadoop.hbase.mapreduce.ImportTsv
#可选项，指定列之间的分隔符，默认为 Tab
[-Dimporttsv.separator='分隔符']
#可选项，指定要导入数据的列名。其中，HBASE_ROW_KEY 用于指定行键所在的列
[-Dimporttsv.columns=HBASE_ROW_KEY[,列名1,列名2 …]]
表名 数据导入路径
```

② 使用 HBase Java API 的 Put 操作将数据逐条插入 HBase 表中（详细讲解见任务三），该方法适用于数据量较小的情况。

③ 使用 Import 命令可以将使用 Export 命令导出的数据重新导入 HBase 表中，其语法格式如下。

```
hbase org.apache.hadoop.hbase.mapreduce.Import '表名' 数据导入路径
```

（2）使用 Export 命令可以将 HBase 表中的数据导出到 HDFS 中，其语法格式如下。

```
hbase org.apache.hadoop.hbase.mapreduce.Export '表名' 数据导出路径
```

【例 3-3】 批量导入与导出表中的数据。

步骤 1 启动 Master 主机的终端，执行如下命令，创建 HDFS 目录"/hbase/input"，

并将本地文件系统中的"/usr/local/hbase/person_data.txt"文件上传至该目录。

[hadoop@Master ~]$ hdfs dfs -mkdir -p /hbase/input

[hadoop@Master ~]$ hdfs dfs -put /usr/local/hbase/person_data.txt /hbase/input

步骤 2 启动一个新的终端，执行如下命令，启动 HBase Shell。

[hadoop@Master ~]$ hbase shell

步骤 3 在 HBase Shell 中执行如下语句，创建表 person。

create 'person', 'info'

步骤 4 在终端中执行如下命令，将文件中的数据批量导入表 person 中。

[hadoop@Master ~]$ hbase org.apache.hadoop.hbase.mapreduce.ImportTsv -Dimporttsv.separator=',' -Dimporttsv.columns=HBASE_ROW_KEY,info:name,info:age,info:gender person hdfs://Master:9000/hbase/input/person_data.txt

步骤 5 在 HBase Shell 中执行如下语句，查询表 person 中的所有数据。若查询结果中含有数据，则证明批量导入数据成功，如图 3-18 所示。

scan 'person'

```
hbase:001:0> scan 'person'
ROW                    COLUMN+CELL
 1001                  column=info:age, timestamp=2024-05-11T14:56:40.623, value=25
 1001                  column=info:gender, timestamp=2024-05-11T14:56:40.623, value=Male
 1001                  column=info:name, timestamp=2024-05-11T14:56:40.623, value=John
 1002                  column=info:age, timestamp=2024-05-11T14:56:40.623, value=30
 1002                  column=info:gender, timestamp=2024-05-11T14:56:40.623, value=Female
 1002                  column=info:name, timestamp=2024-05-11T14:56:40.623, value=Alice
 1003                  column=info:age, timestamp=2024-05-11T14:56:40.623, value=28
 1003                  column=info:gender, timestamp=2024-05-11T14:56:40.623, value=Male
 1003                  column=info:name, timestamp=2024-05-11T14:56:40.623, value=Bob
3 row(s)
```

图 3-18 表 person 中的所有数据

步骤 6 在终端中执行如下命令，将表 person 中的所有数据导出到 HDFS 的"/hbase/export"目录中。

[hadoop@Master ~]$ hbase org.apache.hadoop.hbase.mapreduce.Export 'person' hdfs://Master:9000/hbase/export

> **小 提 示**
>
> 导出数据前，"hdfs://Master:9000/hbase/export"目录不能存在，否则导出数据会失败。

步骤 7 在 HBase Shell 中执行如下语句，创建表 import。

create 'import', 'info'

> **小提示**
>
> 使用 Import 命令导入数据前，须先创建一个与数据所在表结构相同的表。

步骤 8 在终端中执行如下命令，将使用 Export 导出的数据重新导入表 import 中。

```
[hadoop@Master ~]$ hbase org.apache.hadoop.hbase.mapreduce.Import 'import' hdfs://Master:9000/hbase/export
```

任务实施

使用 HBase Shell 操作
用户行为数据

任务分析 使用 HBase Shell 创建并修改表 user_behavior；然后将表 3-2 中的数据插入表 user_behavior 中；最后根据需要更新、查询和删除指定数据。

1. 创建表

步骤 1 在 3 台主机上启动 Zookeeper；然后在 Master 主机上启动 HBase 和 HBase Shell。

步骤 2 执行如下语句，创建表 user_behavior，表中包含列族 user_info 和 behavior_info。

```
create 'user_behavior', {NAME=>'user_info'}, {NAME=>'behavior_info'}
```

步骤 3 执行如下语句，显示 HBase 中的所有表。若显示的表中含有 user_behavior，则证明表 user_behavior 创建成功。

```
list
```

2. 修改表

步骤 1 执行如下语句，将表 user_behavior 中列族 behavior_info 的版本数修改为 5。

```
alter 'user_behavior', {NAME=>'behavior_info', VERSIONS=>5}
```

步骤 2 执行如下语句，查看表 user_behavior 的信息。若列族 behavior_info 的版本数为 5，则证明版本数修改成功。

```
describe 'user_behavior'
```

3. 插入数据

步骤 1 执行如下语句，向表 user_behavior 中插入表 3-2 中的第一行数据。

```
put 'user_behavior', '100001', 'user_info:user_id', '10001082'
put 'user_behavior', '100001', 'user_info:user_name', 'liuna
```

```
put 'user_behavior', '100001', 'user_info:user_age', '22'
put 'user_behavior', '100001', 'behavior_info:item_id', '283359776'
put 'user_behavior', '100001', 'behavior_info:behavior_time', '2024-3-1'
put 'user_behavior', '100001', 'behavior_info:behavior_type', 'bro'
put 'user_behavior', '100001', 'behavior_info:behavior_address', 'beijing'
```

步骤 2 使用同样的方法，向表 user_behavior 中插入表 3-2 中的第 2~10 行数据。

步骤 3 执行如下语句，查询表 user_behavior 中的所有数据。若查询到的数据和表 3-2 中的数据一致，则证明插入的数据正确。

```
scan 'user_behavior'
```

4. 更新数据

步骤 1 执行如下语句，将表 user_behavior 中行键为 100002、列名为 "behavior_info:behavior_type" 的数据 cart 更新为 fav。

```
put 'user_behavior', '100002', 'behavior_info:behavior_type', 'fav'
```

步骤 2 执行如下语句，查询表 user_behavior 中行键为 100002、列名为 "behavior_info:behavior_type" 的数据。若查询结果为 fav，则证明更新成功。

```
get 'user_behavior', '100002', {COLUMN=>'behavior_info:behavior_type'}
```

5. 查询数据

步骤 1 执行如下语句，查询表 user_behavior 中行键为 100002、列名为 "behavior_info:behavior_type" 的多个版本数据，结果如图 3-19 所示。

```
get 'user_behavior', '100002', {COLUMN=>'behavior_info:behavior_type', VERSIONS=>2}
```

```
COLUMN                          CELL
 behavior_info:behavior_type    timestamp=2024-03-21T16:16:47.609, value=fav
 behavior_info:behavior_type    timestamp=2024-03-21T16:15:19.260, value=cart
```

图 3-19 行键为 100002、列名为 "behavior_info:behavior_type" 的多个版本数据

步骤 2 执行如下语句，查询表 user_behavior 中行键为 100003、列名分别为 "user_info:user_name" "behavior_info:item_id" "behavior_info:behavior_type" 的数据，结果如图 3-20 所示。

```
get 'user_behavior', '100003', {COLUMN=>['user_info:user_name', 'behavior_info:item_id', 'behavior_info:behavior_type']}
```

```
COLUMN                              CELL
 behavior_info:behavior_type        timestamp=2024-03-21T16:15:32.132, value=buy
 behavior_info:item_id              timestamp=2024-03-21T16:15:32.101, value=266522168
 user_info:user_name                timestamp=2024-03-21T16:15:32.069, value=liuna
```

图 3-20　行键为 100003 的指定列的数据

步骤 3　执行如下语句，查询表 user_behavior 中列名为"user_info:user_id"和"behavior_info:behavior_address"，且行键位于 100006（包含该行键）和 100010（不包含该行键）之间的数据，结果如图 3-21 所示。

```
scan 'user_behavior', {COLUMNS=>['user_info:user_id', 'behavior_info:behavior_address'], STARTROW=>'100006', ENDROW=>'100010'}
```

```
ROW         COLUMN+CELL
 100006      column=behavior_info:behavior_address, timestamp=2024-03-21T16:15:56.756, value=hunan
 100006      column=user_info:user_id, timestamp=2024-03-21T16:15:55.297, value=10002806
 100007      column=behavior_info:behavior_address, timestamp=2024-03-21T16:16:02.646, value=hunan
 100007      column=user_info:user_id, timestamp=2024-03-21T16:16:01.558, value=10002806
 100008      column=user_info:user_id, timestamp=2024-03-21T16:16:08.462, value=10003905
 100009      column=user_info:user_id, timestamp=2024-03-21T16:16:15.524, value=10003905
```

图 3-21　指定列中指定行键范围的数据

6. 删除数据

步骤 1　执行如下语句，删除表 user_behavior 中行键为 100005、列名为"behavior_info:behavior_address"的数据。

```
delete 'user_behavior', '100005', 'behavior_info:behavior_address'
```

步骤 2　执行如下语句，查询行键为 100005 的数据。若查询结果中不包含列名为"behavior_info:behavior_address"的数据，则证明删除成功。

```
get 'user_behavior', '100005'
```

任务三　使用 HBase Java API 操作用户行为数据

任务描述

HBase Java API 是 HBase 生态系统中的一个重要组成部分，用于支持开发者使用 Java 编程语言构建基于 HBase 的应用程序。HBase Java API 提供了一种与 HBase 数据库进行交互的强有力方式，通过编写 Java 应用程序可以执行不同的 HBase 数据库操作，从而满足大规模数据处理和实时访问的需求。

在使用 HBase Java API 操作用户行为数据之前，我们先来学一下 HBase Java API 的基础知识，以及使用 HBase Java API 操作表和数据的方法。

任务准备

全班学生以 3～5 人为一组，各组选出组长。组长组织组员扫码观看"API 概述"视频，讨论并回答下列问题。

问题 1：简述 API 的定义。

问题 2：简述常用的 Java 集成开发环境。

API 概述

一、HBase Java API 概述

API（application programming interface，应用程序接口）是一组定义了软件组件或系统之间交互方式的规则和协议。通过 API，开发者可以在自己的应用程序中调用其他软件模块或服务。

HBase Java API 是 HBase 官方提供的一组用于与 HBase 数据库进行交互的 Java 类和方法。通过 Java API，开发者可以编写应用程序来执行创建表、禁用表、启用表、删除表、插入/更新数据、查询数据和删除数据等 HBase 数据库操作。Java API 允许开发者直接与 HBase 服务器通信，并采用更加高效和灵活的方式来访问和管理 HBase 中的数据。因此，HBase Java API 更适用于复杂的数据处理和分析任务，如数据挖掘、数据分析、实时数据处理等。

使用 Java API 操作 HBase 前，须先安装并配置 Java 集成开发环境。目前较为常用的 Java 集成开发环境为 IntelliJ IDEA（以下简称 IDEA），它提供了丰富的功能和工具，可以帮助开发者更加高效地编写和管理 Java 应用程序。鉴于 IDEA 的突出优势，本书使用 IDEA 编写 Java 应用程序。读者可以参考本书配套素材中的"前置环境的搭建"文档在 Windows 操作系统中安装和配置 IDEA。下面介绍使用 IDEA 新建 Java 项目的方法。

步骤 1 启动 IDEA，在打开的窗口右侧选择"新建项目"选项。

步骤 2 新建项目。打开"新建项目"对话框，输入项目名称"HBaseTest"，设置项目的位置、语言、构建系统，并添加指定版本的 JDK；最后单击"创建"按钮，如图 3-22 所示。

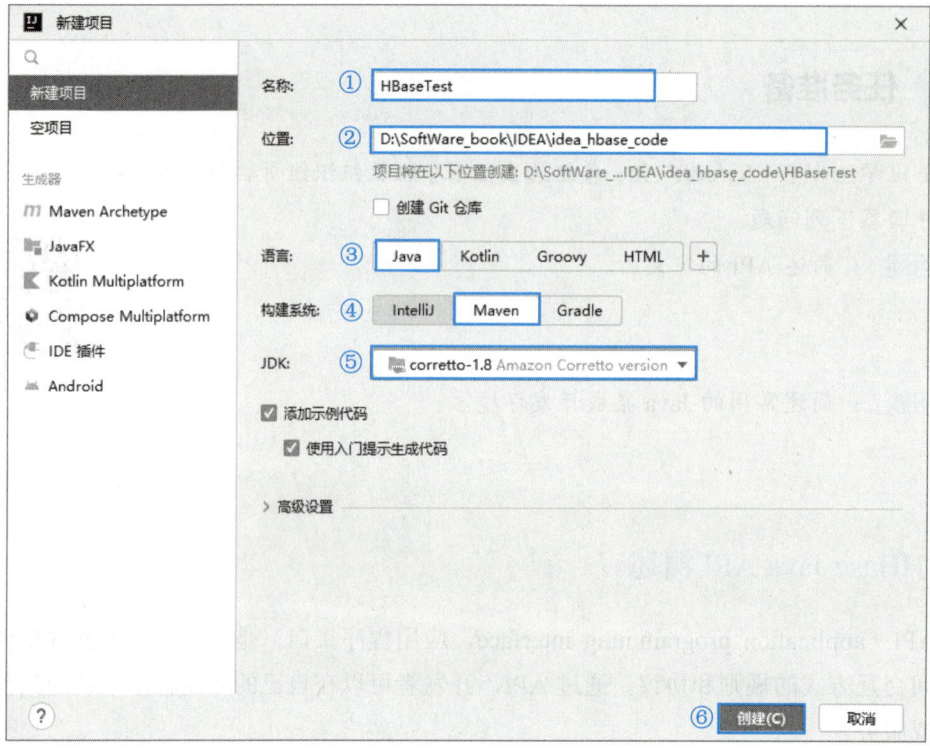

图 3-22 新建项目

> 💡 **小 提 示**
>
> 新建 Java 项目前,须先在 Windows 计算机中下载并安装 JDK,或者在"JDK"下拉列表中选择"下载 JDK"选项,下载指定版本的 JDK(见图 3-23),JDK 版本要与虚拟机中安装的 JDK 一致。
>
>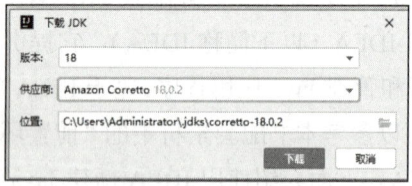
>
> 图 3-23 下载 JDK
>
> 下载完 JDK 后,在"JDK"下拉列表中选择"添加 JDK"选项,接着选择 JDK 在 Windows 计算机中的安装路径,将 JDK 添加到项目中。

步骤 ③ 添加使用 Java 访问 HBase 的相关依赖包。打开 HBaseTest 项目中的 XML 文件"pom.xml",在该文件的<project></project>标签中添加如下依赖项。

```
<dependencies>
```

```xml
    <dependency>
        <groupId>org.apache.hbase</groupId>
        <artifactId>hbase-client</artifactId>
        <version>2.4.14</version>
    </dependency>
    <dependency>
        <groupId>org.apache.hbase</groupId>
        <artifactId>hbase-server</artifactId>
        <version>2.4.14</version>
    </dependency>
</dependencies>
```

步骤 4 单击代码编辑区中的"加载 Maven 更改"按钮，或者在代码编辑区中右击，在弹出的快捷菜单中选择"Maven"/"重新加载项目"选项，将更改加载到 Maven。

> **小提示**
>
> 如果下载依赖的时间较长，读者可以参考本书配套素材中的"前置环境的搭建"文档，设置镜像下载地址，加快下载速度。

步骤 5 以记事本方式打开本地计算机"C:\Windows\System32\drivers\etc"目录中的"hosts"文件，在文件末尾添加 HBase 集群的 IP 地址与主机名映射关系。

```
192.168.1.11  Master
192.168.1.12  Worker1
192.168.1.13  Worker2
```

> **小提示**
>
> 如果"C:\Windows\System32\drivers\etc"目录中没有"hosts"文件，新建该文件即可。使用 IDEA 连接虚拟机中的集群时，可以根据需要将虚拟机的网络连接模式设置为"桥接模式"。

二、表的基本操作

使用 HBase Java API 可以对表进行创建、显示、修改、禁用、启用和删除等操作。接下来，我们以创建表、禁用表、启用表和删除表为例，讲解使用 HBase Java API 操作 HBase 表的方法。

1. 创建表

在 HBase Java API 中，Admin 类提供了许多操作 HBase 表的方法，创建表通过 Admin 类的 createTable() 方法实现。创建表的基本步骤如下。

（1）获取 HBase 连接，基本方法如下。

```
//创建 HBase 配置对象
Configuration conf = HBaseConfiguration.create();
conf.set("hbase.master", "HMaster 主机名");    //指定 HMaster
//指定 Zookeeper 集群
conf.set("hbase.zookeeper.quorum","主机名1,主机名2,主机名3");
//指定 Zookeeper 端口号
conf.set("hbase.zookeeper.property.clientPort", "端口号");
//创建 HBase 连接对象
Connection connection = ConnectionFactory.createConnection(conf);
```

（2）获取 Admin 对象，基本方法如下。

```
Admin admin = connection.getAdmin();
```

（3）定义 HBase 表的结构，基本方法如下。

```
//创建 TableName 对象，指定表的名称
TableName tableName = TableName.valueOf("表名");
//创建表描述符对象
TableDescriptorBuilder tableDescriptor = TableDescriptorBuilder.newBuilder(tableName);
```

> **高手点拨**
>
> TableDescriptorBuilder 类提供了一系列方法，用于设置表的属性、配置和列族信息。

（4）添加列族，基本方法如下。

```
//创建列族描述符对象，并指定要添加的列族的名称
ColumnFamilyDescriptorBuilder columnFamily = ColumnFamilyDescriptorBuilder.newBuilder(Bytes.toBytes("列族名"));
//调用 setColumnFamily()方法将指定的列族添加到表结构中
tableDescriptor.setColumnFamily(columnFamily.build());
```

（5）创建表。调用 Admin 类的 createTable() 方法创建表，基本方法如下。

```
admin.createTable(tableDescriptor.build());
```

（6）释放资源和关闭连接。调用 close() 方法释放资源和关闭连接，基本方法如下。

```
admin.close();
```

```
connection.close();
```

2. 禁用表和启用表

在 HBase Java API 中，禁用表通过 Admin 类的 disableTable()方法实现，启用表通过 Admin 类的 enableTable()方法实现。禁用表和启用表的核心步骤如下。

```
TableName tableName = TableName.valueOf("表名");
admin.disableTable(tableName);        //禁用表
admin.enableTable(tableName);         //启用表
```

3. 删除表

在 HBase Java API 中，删除表通过 Admin 类的 deleteTable()方法实现。删除表的核心步骤如下。

（1）禁用表。

（2）删除表，基本方法如下。

```
admin.deleteTable(tableName);
```

三、数据的基本操作

使用 HBase Java API 可以对数据进行插入、更新、查询、删除等操作。接下来，我们以插入/更新数据、查询数据和删除数据为例，讲解使用 HBase Java API 操作 HBase 表中数据的方法。

1. 插入/更新数据

在 HBase Java API 中，Table 类提供了许多操作 HBase 表中数据的方法，插入/更新数据通过 Table 类的 put()方法实现。插入/更新数据的基本步骤如下。

（1）获取 HBase 连接。

（2）获取 Table 对象。调用 getTable()方法获取需要进行数据操作的表，基本方法如下。

```
TableName tableName = TableName.valueOf("表名");
Table table = connection.getTable(tableName);
```

（3）创建 Put 对象，并指定行键。Put 类可用于在 HBase 表中插入/更新数据，创建 Put 对象的基本方法如下。

```
Put put = new Put(Bytes.toBytes("行键"));
```

（4）在行中插入/更新数据。调用 addColumn()方法指定列族名、列限定符名和对应的值，在指定行中插入/更新数据，基本方法如下。

```
put.addColumn(Bytes.toBytes("列族名"), Bytes.toBytes("列限定符名"), Bytes.toBytes("值"));
```

（5）在表中插入/更新数据。调用 put() 方法，在指定表中插入/更新指定行的数据，基本方法如下。

```
table.put(put);
```

2. 查询数据

在 HBase Java API 中，查询数据通过 Table 类的 get() 方法或 getScanner() 方法实现。

（1）使用 get() 方法查询数据的基本步骤如下。

① 获取 HBase 连接和 Table 对象。

② 创建 Get 对象，并指定行键。Get 类可用于查询 HBase 表中指定行的数据，创建 Get 对象的基本方法如下。

```
Get get = new Get(Bytes.toBytes("行键"));
```

③ 如果要查询行中指定列的数据，则需要指定列族名和列限定符名。使用 addColumn() 方法指定列族名和列限定符名的基本方法如下。

```
get.addColumn(Bytes.toBytes("列族名"), Bytes.toBytes("列限定符名"));
```

④ 查询表中数据。调用 get() 方法，查询指定表中的数据，基本方法如下。

```
Result result = table.get(get);
```

⑤ 处理查询结果。根据查询结果进行相应的处理，如获取所有单元格、获取值、获取行等。

```
//调用 rawCells() 方法获取所有单元格
Cell[] cells = result.rawCells()
//调用 getValue() 方法获取值
byte[] valueBytes = result.getValue(Bytes.toBytes("列族名"), Bytes.toBytes("列限定符名"));
//调用 getRow() 方法获取行
byte[] rowBytes = result.getRow();
```

（2）使用 getScanner() 方法查询数据的基本步骤如下。

① 获取 HBase 连接和 Table 对象。

② 创建 Scan 对象。Scan 类可用于查询 HBase 表中所有列或指定列的数据，创建 Scan 对象的基本方法如下。

```
Scan scan = new Scan();
```

③ 如果要查询指定列的数据，则需要使用 addColumn() 方法指定列族名和列限定符名。

④ 查询表中数据。调用 getScanner() 方法，查询指定表中的数据，基本方法如下。

```
ResultScanner scanner = table.getScanner(scan);
```

⑤ 处理查询结果。

3．删除数据

在 HBase Java API 中，删除数据通过 Table 类的 delete() 方法实现。删除数据的基本步骤如下。

（1）获取 HBase 连接和 Table 对象。

（2）创建 Delete 对象，并指定行键。Delete 类可用于删除 HBase 表中指定行的数据，创建 Delete 对象的基本方法如下。

```
Delete delete = new Delete(Bytes.toBytes("行键"));
```

（3）如果要删除行中指定列的数据，则需要使用 addColumn() 方法指定列族名和列限定符名。

（4）删除表中数据。调用 delete() 方法，删除指定表中的数据，基本方法如下。

```
table.delete(delete);
```

任务实施

任务分析 使用 HBase Java API 创建表 user_behavior1；然后将表 3-2 中的数据插入表 user_behavior1 中；最后根据需要更新、查询和删除指定数据。

使用 HBase Java API 操作用户行为数据

1．创建表

步骤 1 在 HBaseTest 项目的"src/main/java"目录中创建 CreateTable 类，并在该类中编写如下代码，创建表 user_behavior1。

```java
import org.apache.hadoop.conf.Configuration;
import org.apache.hadoop.hbase.HBaseConfiguration;
import org.apache.hadoop.hbase.TableName;
import org.apache.hadoop.hbase.client.*;
import org.apache.hadoop.hbase.util.Bytes;
public class CreateTable {
    public static void main(String[] args) throws Exception {
        //创建 HBase 配置对象
        Configuration conf = HBaseConfiguration.create();
        //指定 HMaster
        conf.set("hbase.master", "Master");
        //指定 Zookeeper 集群和端口号
        conf.set("hbase.zookeeper.quorum", "Master, Worker1, Worker2");
```

```java
        conf.set("hbase.zookeeper.property.clientPort", "2181");
        //创建HBase连接对象
        Connection connection = ConnectionFactory.createConnection(conf);
        //获取Admin对象
        Admin admin = connection.getAdmin();
        //创建TableName对象，指定表的名称
        TableName tableName = TableName.valueOf("user_behavior1");
        //创建表描述符对象
        TableDescriptorBuilder tableDescriptorBuilder = TableDescriptorBuilder.newBuilder(tableName);
        //创建列族描述符对象，并指定要添加的列族的名称
        ColumnFamilyDescriptorBuilder columnFamily = ColumnFamilyDescriptorBuilder.newBuilder(Bytes.toBytes ("user_info"));
        //调用setColumnFamily()方法将指定的列族添加到表结构中
        tableDescriptorBuilder.setColumnFamily(columnFamily.build());
        //创建列族描述符对象，并指定要添加的列族的名称
        ColumnFamilyDescriptorBuilder columnFamily1 = ColumnFamilyDescriptorBuilder.newBuilder(Bytes.toBytes("behavior_info"));
        //调用setColumnFamily()方法将指定的列族添加到表结构中
        tableDescriptorBuilder.setColumnFamily(columnFamily1.build());
        //使用tableExists()方法判断表是否存在，若不存在，则创建表
        if (admin.tableExists(TableName.valueOf("user_behavior1"))) {
            System.out.println("表已存在！");
        } else {
            admin.createTable(tableDescriptorBuilder.build());
            System.out.println("表创建成功！");
        }
        //释放资源和关闭连接
        admin.close();
        connection.close();
    }
}
```

步骤② 在IDEA中运行上述代码，控制台输出"表创建成功！"提示信息，则证明代码运行成功。

步骤 3 在 HBase Shell 中执行如下语句，显示 HBase 中的所有表。若显示的表中含有 user_behavior1，则证明表 user_behavior1 创建成功，如图 3-24 所示。

```
list
```

```
TABLE
student
user_behavior
user_behavior1
3 row(s)
Took 1.2310 seconds
=> ["student", "user_behavior", "user_behavior1"]
```

图 3-24　HBase 中的所有表

2. 插入数据

步骤 1 在 HBaseTest 项目的 "src/main/java" 目录中创建 AddData 类，并在该类中编写如下代码，向表 user_behavior1 中插入表 3-2 中的前两行数据。

```
import org.apache.hadoop.hbase.HBaseConfiguration;
import org.apache.hadoop.hbase.TableName;
import org.apache.hadoop.hbase.client.*;
import org.apache.hadoop.hbase.util.Bytes;
import org.apache.hadoop.conf.Configuration;
public class AddData {
    public static void main(String[] args) throws Exception {
        Configuration conf = HBaseConfiguration.create();
        conf.set("hbase.master", "Master");
        conf.set("hbase.zookeeper.quorum", "Master, Worker1, Worker2");
        conf.set("hbase.zookeeper.property.clientPort", "2181");
        Connection connection = ConnectionFactory.createConnection(conf);
        Admin admin = connection.getAdmin();
        //创建 TableName 对象，指定表的名称
        TableName tableName = TableName.valueOf("user_behavior1");
        //判断表是否存在，若存在则插入数据
        if (admin.tableExists(tableName)) {
            //获取 Table 对象
            Table table = connection.getTable(tableName);
            //创建 Put 对象，并指定行键
            Put put1 = new Put(Bytes.toBytes("100001"));
```

//插入第一行数据
```
put1.addColumn(Bytes.toBytes("user_info"), Bytes.toBytes("user_id"), Bytes.toBytes("10001082"));
put1.addColumn(Bytes.toBytes("user_info"), Bytes.toBytes("user_name"), Bytes.toBytes("liuna"));
put1.addColumn(Bytes.toBytes("user_info"), Bytes.toBytes("user_age"), Bytes.toBytes("22"));
put1.addColumn(Bytes.toBytes("behavior_info"), Bytes.toBytes("item_id"), Bytes.toBytes("283359776"));
put1.addColumn(Bytes.toBytes("behavior_info"), Bytes.toBytes("behavior_time"), Bytes.toBytes("2024-3-1"));
put1.addColumn(Bytes.toBytes("behavior_info"), Bytes.toBytes("behavior_type"), Bytes.toBytes("bro"));
put1.addColumn(Bytes.toBytes("behavior_info"), Bytes.toBytes("behavior_address"), Bytes.toBytes("beijing"));
Put put2 = new Put(Bytes.toBytes("100002"));
```
//插入第二行数据
```
put2.addColumn(Bytes.toBytes("user_info"), Bytes.toBytes("user_id"), Bytes.toBytes("10001082"));
put2.addColumn(Bytes.toBytes("user_info"), Bytes.toBytes("user_name"), Bytes.toBytes("liuna"));
put2.addColumn(Bytes.toBytes("user_info"), Bytes.toBytes("user_age"), Bytes.toBytes("22"));
put2.addColumn(Bytes.toBytes("behavior_info"), Bytes.toBytes("item_id"), Bytes.toBytes("283359776"));
put2.addColumn(Bytes.toBytes("behavior_info"), Bytes.toBytes("behavior_time"), Bytes.toBytes("2024-3-1"));
put2.addColumn(Bytes.toBytes("behavior_info"), Bytes.toBytes("behavior_type"), Bytes.toBytes("cart"));
put2.addColumn(Bytes.toBytes("behavior_info"), Bytes.toBytes("behavior_address"), Bytes.toBytes("beijing"));
```
//在表中插入数据
```
table.put(put1);
table.put(put2);
```

```
            System.out.println("数据插入成功！");
            //释放资源
            table.close();
        } else {
            System.out.println("该表不存在！");
        }
        connection.close();
    }
}
```

步骤 2 完善代码，使用同样的方法向表 user_behavior1 中插入表 3-2 中的第 3～10 行数据。

步骤 3 在 IDEA 中运行上述代码，控制台输出"数据插入成功！"提示信息，则证明代码运行成功。

3. 更新数据

步骤 1 在 HBaseTest 项目的"src/main/java"目录中创建 UpdateData 类，并在该类中编写如下代码，将表 user_behavior1 中行键为 100002、列名为"behavior_info:behavior_type"的数据 cart 更新为 fav。

```java
import org.apache.hadoop.conf.Configuration;
import org.apache.hadoop.hbase.HBaseConfiguration;
import org.apache.hadoop.hbase.TableName;
import org.apache.hadoop.hbase.client.*;
import org.apache.hadoop.hbase.util.Bytes;
public class UpdateData {
    public static void main(String[] args) throws Exception {
        Configuration conf = HBaseConfiguration.create();
        conf.set("hbase.master", "Master");
        conf.set("hbase.zookeeper.quorum", "Master, Worker1, Worker2");
        conf.set("hbase.zookeeper.property.clientPort", "2181");
        Connection connection = ConnectionFactory.createConnection(conf);
        Admin admin = connection.getAdmin();
        TableName tableName = TableName.valueOf("user_behavior1");
        //判断表是否存在，若存在则更新数据
        if (admin.tableExists(tableName)) {
```

```java
            Table table = connection.getTable(tableName);
            //更新数据
            Put put = new Put(Bytes.toBytes("100002"));
            put.addColumn(Bytes.toBytes("behavior_info"),
Bytes.toBytes("behavior_type"),Bytes.toBytes("fav"));
            table.put(put);
            System.out.println("数据更新成功！");
        } else {
            System.out.println("该表不存在！");
        }
        connection.close();
    }
}
```

步骤 2 在 IDEA 中运行上述代码，控制台输出"数据更新成功！"提示信息，则证明代码运行成功。

4. 查询数据

步骤 1 在 HBaseTest 项目的 "src/main/java" 目录中创建 GetData 类，并在该类中编写如下代码，查询表 user_behavior1 中行键为 100003 的数据。

```java
import org.apache.hadoop.conf.Configuration;
import org.apache.hadoop.hbase.Cell;
import org.apache.hadoop.hbase.CellUtil;
import org.apache.hadoop.hbase.HBaseConfiguration;
import org.apache.hadoop.hbase.TableName;
import org.apache.hadoop.hbase.client.*;
import org.apache.hadoop.hbase.util.Bytes;
public class GetData {
    public static void main(String[] args) throws Exception {
        Configuration conf = HBaseConfiguration.create();
        conf.set("hbase.master", "Master");
        conf.set("hbase.zookeeper.quorum", "Master, Worker1, Worker2");
        conf.set("hbase.zookeeper.property.clientPort", "2181");
        Connection connection = ConnectionFactory.createConnection(conf);
        Admin admin = connection.getAdmin();
```

```
        TableName tableName = TableName.valueOf("user_behavior1");
        //判断表是否存在,若存在则查询数据
        if (admin.tableExists(tableName)) {
            Table table = connection.getTable(tableName);
            //创建 Get 对象,并指定行键
            Get get = new Get(Bytes.toBytes("100003"));
            //查询表中数据
            Result result = table.get(get);
            //调用 rawCells()方法获取所有单元格
            Cell[] cells = result.rawCells();
            //打印每个单元格中的数据
            for (Cell cell:cells){
                String rk = Bytes.toString(result.getRow());
                String cf = Bytes.toString(CellUtil.cloneFamily(cell));
                String cn = Bytes.toString(CellUtil.cloneQualifier(cell));
                String val = Bytes.toString(CellUtil.cloneValue(cell));
                System.out.println("rowkey="+rk+",column="+cf+":"+cn+",value="+val);
            }
        }else {
            System.out.println("该表不存在!");
        }
        connection.close();
    }
}
```

步骤 2 在 IDEA 中运行上述代码,控制台输出的查询结果如图 3-25 所示。

```
rowkey=100003, column=behavior_info:behavior_address, value=beijing
rowkey=100003, column=behavior_info:behavior_time, value=2024-3-1
rowkey=100003, column=behavior_info:behavior_type, value=buy
rowkey=100003, column=behavior_info:item_id, value=266522168
rowkey=100003, column=user_info:user_age, value=22
rowkey=100003, column=user_info:user_id, value=10001082
rowkey=100003, column=user_info:user_name, value=liuna
```

图 3-25 行键为 100003 的数据

5. 删除数据

步骤 1 在 HBaseTest 项目的 "src/main/java" 目录中创建 DeleteData 类,并在该类中编写如下代码,删除表 user_behavior1 中行键为 100005、列名为 "behavior_info:behavior_address" 的数据。

```java
import org.apache.hadoop.conf.Configuration;
import org.apache.hadoop.hbase.Cell;
import org.apache.hadoop.hbase.CellUtil;
import org.apache.hadoop.hbase.HBaseConfiguration;
import org.apache.hadoop.hbase.TableName;
import org.apache.hadoop.hbase.client.*;
import org.apache.hadoop.hbase.util.Bytes;
public class DeleteData {
    public static void main(String[] args) throws Exception {
        Configuration conf = HBaseConfiguration.create();
        conf.set("hbase.master", "Master");
        conf.set("hbase.zookeeper.quorum", "Master, Worker1, Worker2");
        conf.set("hbase.zookeeper.property.clientPort", "2181");
        Connection connection = ConnectionFactory.createConnection(conf);
        Admin admin = connection.getAdmin();
        TableName tableName = TableName.valueOf("user_behavior1");
        //判断表是否存在，若存在则删除数据
        if (admin.tableExists(tableName)) {
            Table table = connection.getTable(tableName);
            //创建Delete对象，并指定行键
            Delete deleteColumn = new Delete(Bytes.toBytes("100005"));
            //指定列族名和列限定符名
            deleteColumn.addColumn(Bytes.toBytes("behavior_info"), Bytes.toBytes("behavior_address"));
            //删除表中数据
            table.delete(deleteColumn);
            System.out.println("数据删除成功！");
        }else {
            System.out.println("该表不存在！");
        }
        connection.close();
    }
}
```

步骤 2　在 IDEA 中运行上述代码，控制台输出"数据删除成功！"提示信息，则证明代码运行成功。

项目实训

1．实训目标

（1）熟练使用 HBase Shell 与 HBase 进行交互。

（2）熟练使用 HBase Java API 与 HBase 进行交互。

2．实训内容

个人资料表 personal_profile 的逻辑模型如表 3-3 所示。

表 3-3　个人资料表 personal_profile 的逻辑模型

行键	person_info				person_addr	
	name	sex	birthday	email	province	city
101	Lily		1995-01-24	Lily@sina.com	shanxi	taiyuan
102	Tom			Tom@163.com		
103	Tony	male	1991-03-04		shandong	jinan
104	Bob	male		Bob@126.com		

使用 HBase Shell 和 HBase Java API 完成如下操作。

（1）根据表 3-3，创建表 personal_profile，并查看表 personal_profile 的信息。

（2）根据表 3-3，向表 personal_profile 中插入数据，并验证数据是否插入成功。

（3）将表 personal_profile 中行键为 101 的 email 信息更新为"Lily@126.com"。

（4）查询表 personal_profile 中列名为"person_info:birthday"的数据。

（5）删除表 personal_profile 中行键为 103、列名为"person_addr:city"的数据。

（6）删除表 personal_profile，并验证表 personal_profile 是否删除成功。

项目考核

1．选择题

（1）在 HBase 中，（　　）负责将表中的 HRegion 分配到 HRegionServer 中，并监控集群中所有 HRegionServer 的运行状态。

　　A．客户端　　　　　　　　　　　　B．Zookeeper

　　C．HMaster　　　　　　　　　　　D．HRegionServer

（2）在 HBase 表中，可通过（　　）唯一标识一行数据。

　　A．单元格　　　　　　　　　B．行键

　　C．列族　　　　　　　　　　D．列限定符

（3）在 HBase Shell 中，使用（　　）命令可以显示 HBase 中的所有表。

　　A．list　　　　　　　　　　B．desc

　　C．alter　　　　　　　　　 D．describe

（4）在 HBase Shell 中，使用（　　）命令可以禁用表。

　　A．exists　　　　　　　　　B．disable

　　C．enable　　　　　　　　　D．drop

（5）在 HBase Shell 中，使用（　　）命令可以向表中插入数据或更新表中的数据。

　　A．insert　　　　　　　　　B．set

　　C．put　　　　　　　　　　D．update

（6）在 HBase Shell 中，使用（　　）语句可以查询一个单元格的数据。

　　A．get '表名', '行键', '列族名:列限定符名'

　　B．get '表名', '行键', '列族名'

　　C．scan '表名', {COLUMN=>'列族名:列限定符名'}

　　D．scan '表名'

（7）在 HBase Shell 中，使用（　　）语句可以删除表中指定单元格的数据。

　　A．delete '表名'

　　B．delete '表名', '行键'

　　C．deleteall '表名', '行键'

　　D．delete '表名', '行键', '列族名:列限定符名'

（8）在 HBase 中，使用（　　）命令可以将 HBase 表中的数据批量导出到 HDFS 中。

　　A．ImportTsv　　　　　　　 B．Import

　　C．Export　　　　　　　　　D．put

（9）在 HBase Java API 中，可以使用 Admin 类的（　　）方法创建表。

　　A．deleteTable()　　　　　　B．disableTable()

　　C．createTable()　　　　　　D．enableTable()

（10）在 HBase Java API 中，可以使用（　　）方法指定列族名和列限定符名。

　　A．getTable()　　　　　　　B．Put()

　　C．delete()　　　　　　　　D．addColumn()

2．判断题

（1）HBase 是一种关系型数据库。　　　　　　　　　　　　　　　　　　　（　　）

（2）在 HBase 中，一个表中通常包含多个 HRegion，同一个 HRegion 可以分配到多个 HRegionServer。　　　　　　　　　　　　　　　　　　　　　　　　　　（　　）

（3）单元格是 HBase 中的数据存储单元，行键、列族和列限定符共同确定一个单元格。
（　　）
（4）在 HBase 中，创建表时须指明表名和列族名。（　　）
（5）删除 HBase 表之前不需要禁用表。（　　）
（6）使用 HBase Java API 删除 HBase 表中的数据时，须先创建一个 Scan 对象。（　　）

3．简答题

（1）简述 HBase Shell 提供的 get 命令和 scan 命令的作用和适用场景。
（2）简述在 HBase Java API 中，创建表的基本步骤。

项目评价

请学生结合本项目的学习情况，对学习成果进行自评和互评（组内成员相互评分），请指导教师进行师评和总评，并将评价结果填入表 3-4 中。

表 3-4　学习成果评价表

评价项目	评价内容	评价分数			
		分值	自评	互评	师评
任务完成度（20%）	任务准备阶段，回答问题清晰准确，紧扣主题，没有明显错误	5 分			
	任务实施阶段，根据操作步骤完成本任务	5 分			
	项目实训阶段，出色地完成实训内容	5 分			
	项目考核阶段，完成考核题目	5 分			
知识（35%）	列式数据库的特点和应用场景	3 分			
	HBase 的特点、架构和存储结构	7 分			
	HBase Shell 的常用命令，以及使用 HBase Shell 操作表和数据的方法	15 分			
	使用 HBase Java API 操作表和数据的方法	10 分			
技能（35%）	采用完全分布式模式部署 HBase 集群	10 分			
	使用 HBase Shell 操作表和数据，简单管理和查询数据	10 分			
	使用 HBase Java API 操作表和数据，实现复杂的数据处理和分析任务	15 分			

表 3-4（续）

评价项目	评价内容	评价分数			
		分值	自评	互评	师评
素养 （10%）	具有自主学习意识，做好课前准备	5分			
	互帮互助，具有团队精神	5分			
合计		100分			
总评	综合得分：_____ 综合等级：_____	指导教师签字：_____			

注：综合得分可按照"自评（25%）+互评（25%）+师评（50%）"进行计算；综合等级可以"优"（综合得分≥90分）、"良"（80分≤综合得分＜90分）、"中"（60分≤综合得分＜80分）、"差"（综合得分＜60分）为标准进行评价。

项目四

文档数据库 MongoDB

项目导读

文档数据库是一种以文档的形式存储和管理数据的数据库,其模式灵活且具有很强的数据描述能力。MongoDB 是一个经典的文档数据库,能够存储和管理大量的非结构化数据和实时数据。使用 MongoDB Shell 和 MongoDB Java API,开发者能够以直观和灵活的方式与 MongoDB 数据库进行交互,从而存储和管理数据。

本项目将介绍文档数据库和 MongoDB 的相关知识,采用副本集模式部署 MongoDB,使用 MongoDB Shell 和 MongoDB Java API 操作网站数据。

项目目标

知识目标

- ✓ 了解文档数据库的特点和应用场景。
- ✓ 熟悉 MongoDB 的存储结构和数据类型。
- ✓ 掌握使用 MongoDB Shell 操作数据库、集合和文档的方法。
- ✓ 掌握使用 MongoDB Java API 操作数据库、集合和文档的方法。

技能目标

- ✓ 能采用副本集模式部署 MongoDB。
- ✓ 能使用 MongoDB Shell 操作数据库、集合和文档,实现大数据的合理存储和管理。
- ✓ 能使用 MongoDB Java API 操作数据库、集合和文档,开发实用的大数据存储和管理项目。

素养目标

- ✓ 增强主动思考、积极解决问题的意识。
- ✓ 提升举一反三、从多个角度思考问题的能力。

任务一　采用副本集模式部署 MongoDB

任务描述

MongoDB 支持 4 种部署模式，分别为单机模式、副本集模式、分片集群模式和混合模式。为了简单模拟真实的生产环境，本书采用副本集模式部署 MongoDB。在这种模式下，数据会复制在多个节点中，每个节点都包含完整的数据集副本，从而保证数据库系统的可靠性和可用性。

采用副本集模式部署 MongoDB 之前，我们先来学习一下文档数据库的特点和应用场景，以及 MongoDB 的存储结构和数据类型。

任务准备

全班学生以 3~5 人为一组，各组选出组长。组长组织组员扫码观看"MongoDB 的部署模式"视频，讨论并回答下列问题。

问题 1：简述副本集模式和分片集群模式的区别。

问题 2：简述不同部署模式的适用场景。

MongoDB 的部署模式

一、文档数据库概述

文档数据库通常使用 XML（extensible markup language）、JSON（javascript object notation）或 BSON（binary JSON）等格式将数据存储在文档中，它利用键（key）定位和检索文档。

> **高手点拨**
>
> XML 是一种用于标记电子文件结构和传输数据的标记语言，广泛应用于数据交换和信息发布等领域。
>
> JSON 是一种轻量级的数据交换格式，使用键值对来表示对象。其中，键是字符串类型的数据，值可以是字符串、整数、布尔、数组、对象或 Null 等类型的数据。

> BSON 是一种二进制形式的数据交换格式,以二进制编码存储数据,比 JSON 更适合存储和传输大规模数据。

1. 文档数据库的特点

文档数据库的特点主要体现在以下几个方面。

(1) 模式灵活。文档数据库不需要严格的预定义模式,每个文档可以有不同的字段和结构。这使得文档数据库非常适合存储半结构化或非结构化的数据,并且能够灵活地应对数据模式的变化。

(2) 嵌套结构。文档数据库支持嵌套的文档结构,允许在文档的字段中嵌套其他文档和数组。这使得文档数据库能够更好地表示和处理复杂的数据结构。

(3) 查询语言丰富。文档数据库提供了多种简单而强大的查询语言,可以进行复杂的数据操作,包括过滤、排序、聚合等。这能够简化数据的检索与操作过程,提高开发者的开发效率。

(4) 高可扩展性。许多文档数据库支持水平扩展,可以在数据库系统中添加节点来提高系统的性能。这使得文档数据库能够处理大规模的动态数据。

(5) 高性能。文档数据库的嵌套结构使得多数操作可在单个文档内完成,从而避免了跨文档的复杂数据操作,显著提升了处理数据的速度。

总的来说,文档数据库适用于数据模式灵活、数据结构变化频繁、实时存储数据、复杂数据查询的场合。

2. 文档数据库的应用场景

在实际应用中,文档数据库已经广泛应用于内容管理系统、电子商务、社交媒体、日志管理系统和物联网等,如图 4-1 所示。

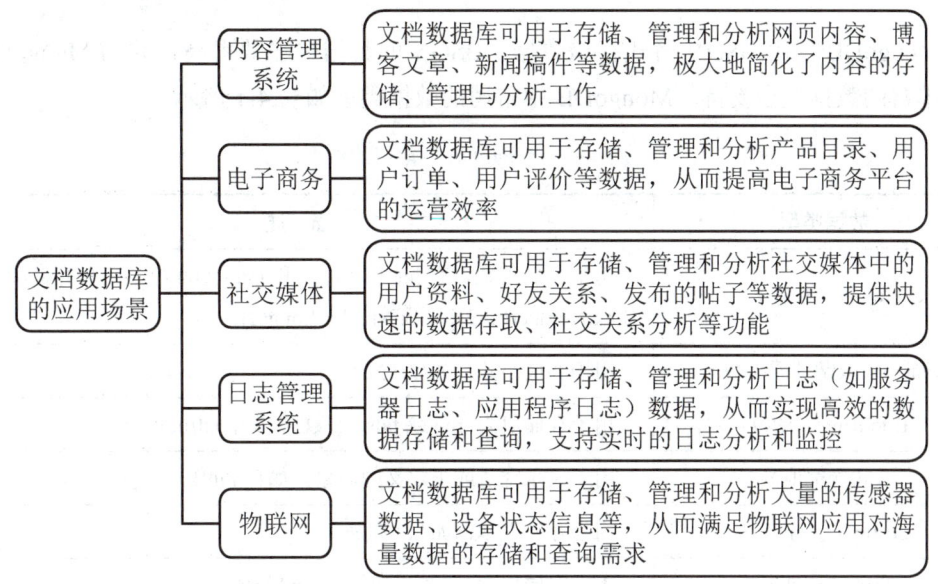

图 4-1 文档数据库的应用场景

二、MongoDB 的存储结构

MongoDB 的存储结构可以分为 3 个层次，分别为数据库、集合和文档。

（1）数据库。数据库用于组织和管理数据，每个数据库可以包含多个集合。

（2）集合（collection）。每个集合都有一个唯一的名称，它主要用于存储一组相关的文档。

（3）文档（document）。文档是 MongoDB 中的数据存储单元，主要用于存储实际的数据。每个文档通常是多个键值对的集合，其中键对应的是字段名，值对应的是字段值，示例如下。

```
{
    ID:1001,
    Age:18,
    Name:"Jack",
    Phone:{
            MP:136****1233,
            TEL:761**23
          }
    Address:"Beijing"
}
```

三、MongoDB 的数据类型

MongoDB 使用 BSON 格式存储数据。BSON 的数据传输效率高，并为 MongoDB 提供了丰富的数据类型支持。MongoDB 中常用的数据类型如表 4-1 所示。

表 4-1　MongoDB 中常用的数据类型

数据类型	描　　述
Integer（整数）	用于存储整数，有 int（32 位）和 long（64 位）两种存储类型，如{x:NumberInt(2)}，{x:NumberLong(2)}
Double（双精度浮点数）	用于存储小数，如{x:12.2}
Boolean（布尔）	用于存储值为 true 或 false 的数据，如{x:true}
Null（空值）	用于表示空值或未定义的对象，如{x:null}
String（字符串）	用于存储文本，如{x:"你好"}
Date（日期）	用于存储日期和时间，如{x:new Date()}

表 4-1（续）

数据类型	描述
Timestamp（时间戳）	用于记录添加或修改文档的具体时间，如{x:new Timestamp()}
Array（数组）	用于存储数组或列表，如{x:["a", "b", "c"]}
Object（对象）	用于存储嵌套的文档结构，如{x:{b:"c", d:"e"}}
ObjectId（对象标识符）	用于存储文档的唯一标识符，如{x:ObjectId()}
Binary Data（二进制数据）	用于存储二进制数据，如图像、音频等

任务实施

任务分析 采用副本集模式部署 MongoDB 需要在 3 台主机上分别安装并配置 MongoDB；然后配置 MongoDB 副本集。

采用副本集模式部署 MongoDB

1. 安装并配置 MongoDB

步骤 1 启动 Master 主机的浏览器，访问 MongoDB 官方下载网站（https://www.mongodb.com/try/download/community-edition/releases/archive），在打开的历史版本页面中按"Ctrl+F"组合键，查找"mongodb-linux-x86_64-rhel80-6.0.15.tgz"；然后单击"mongodb-linux-x86_64-rhel80-6.0.15.tgz"链接文字，下载 MongoDB 安装文件，如图 4-2 所示。

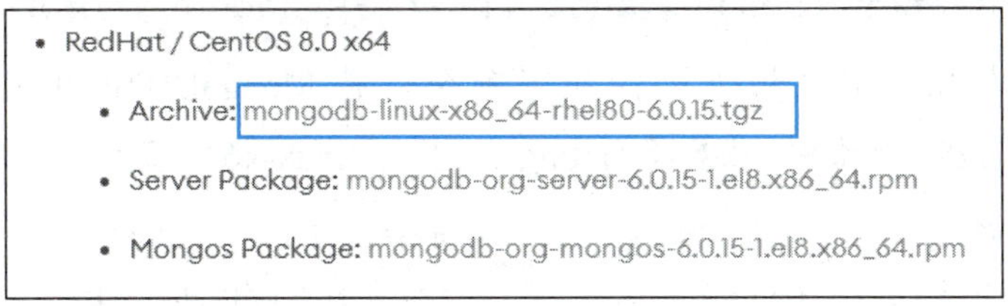

图 4-2 单击下载链接文字

> **小提示**
>
> 本教材使用的是"Red Hat Enterprise Linux 8.7.0 64"Linux 操作系统，因此平台选择"RedHat/CentOS 8.0 x64"。

步骤 2 访问"https://github.com/mongodb-js/mongosh/releases"，在打开的历史版本页面中单击"2.2.3"链接文字；然后在打开的页面中单击"mongosh-2.2.3-linux-x64.tgz"链接文字，下载 MongoDB Shell 安装文件，如图 4-3 所示。

119

图 4-3　下载 MongoDB Shell 安装文件

> **小　提　示**
>
> 自 MongoDB 5.0 版本开始，MongoDB 的安装文件中不再包含传统的 MongoDB Shell。要想使用 MongoDB Shell 操作数据库，需要下载 Mongosh。Mongosh 是 MongoDB Shell 的新一代版本，提供了更丰富的功能和更好的用户体验。

步骤 3　启动 Master 主机的终端，执行如下命令，将 MongoDB 安装文件解压到"/usr/local"目录中；然后将"mongodb-linux-x86_64-rhel80-6.0.15"目录重命名为"mongodb"；最后将该目录的所有权限赋予 hadoop 用户。

```
[hadoop@Master ~]$ sudo tar -zxf ~/下载/mongodb-linux-x86_64-rhel80-6.0.15.tgz -C /usr/local
[hadoop@Master ~]$ cd /usr/local
[hadoop@Master local]$ sudo mv mongodb-linux-x86_64-rhel80-6.0.15 mongodb
[hadoop@Master local]$ sudo chown -R hadoop ./mongodb
```

步骤 4　在 Master 主机上执行如下命令，将 MongoDB Shell 安装文件解压到"/usr/local/mongodb"目录中；然后将"mongosh-2.2.3-linux-x64"目录重命名为"mongosh"。

```
[hadoop@Master local]$ sudo tar -zxf ~/下载/mongosh-2.2.3-linux-x64.tgz -C /usr/local/mongodb
[hadoop@Master local]$ sudo mv ./mongodb/mongosh-2.2.3-linux-x64 ./mongodb/mongosh
```

步骤 5　在 Master 主机上执行如下命令，打开".bashrc"配置文件；然后在文件首行添加如下配置信息；最后保存并关闭配置文件。

```
[hadoop@Master local]$ sudo vim ~/.bashrc
#配置信息
export MONGODB_HOME=/usr/local/mongodb
export PATH=$PATH:$MONGODB_HOME/bin
export MONGOSH_HOME=/usr/local/mongodb/mongosh
```

```
export PATH=$PATH:$MONGOSH_HOME/bin
```

步骤 6 在 Master 主机上执行如下命令，使配置信息生效。

```
[hadoop@Master local]$ source ~/.bashrc
```

步骤 7 分别在 Worker1 和 Worker2 主机上执行步骤 5 和步骤 6。

步骤 8 在 Master 主机上执行如下命令，创建不同的目录用于存放 MongoDB 的数据文件、日志文件和配置文件。

```
[hadoop@Master local]$ cd mongodb
#创建数据文件目录、日志文件目录
[hadoop@Master mongodb]$ mkdir data log
[hadoop@Master mongodb]$ mkdir -p bin/conf          #创建配置文件目录
```

步骤 9 在 Master 主机上执行如下命令，在配置文件目录下创建并打开"mongod.conf"配置文件；然后在文件首行添加如下配置信息；最后保存并关闭配置文件。

```
[hadoop@Master mongodb]$ cd bin/conf
[hadoop@Master conf]$ sudo vim mongod.conf
#配置信息
dbpath=/usr/local/mongodb/data              #数据存放路径
logpath=/usr/local/mongodb/log/mongod.log   #日志文件路径
port=27017                                  #端口号
logappend=true                              #日志以追加的方式写入日志文件
fork=true                                   #以后台的方式运行 MongoDB
maxConns=5000                               #最大连接数
storageEngine=wiredTiger                    #存储引擎
replSet=master                              #副本集名称
shardsvr=true                               #启用分片功能
bind_ip=0.0.0.0                             #允许任意机器连接
```

步骤 10 在 Master 主机上执行如下命令，将 MongoDB 安装目录分别复制到 Worker1 和 Worker2 主机的相应目录中。

```
#复制到 Worker1 主机
[hadoop@Master conf]$ scp -r /usr/local/mongodb Worker1:/usr/local
#复制到 Worker2 主机
[hadoop@Master conf]$ scp -r /usr/local/mongodb Worker2:/usr/local
```

步骤 11 在 Worker1 和 Worker2 主机上分别执行如下命令，将 "mongodb" 目录的所有权限赋予 hadoop 用户。

```
[hadoop@Worker1 ~]$ sudo chown -R hadoop /usr/local/mongodb
```

2. 配置 MongoDB 副本集

步骤 1 在 Worker1 和 Worker2 主机上分别打开 "/usr/local/mongodb/bin/conf/mongod.conf" 文件，将该文件中的 port 参数值分别修改为 27018 和 27019。

步骤 2 在 3 台主机上分别执行如下命令，启动 MongoDB 服务。若出现 "child process started successfully, parent exiting" 提示信息，则证明 MongoDB 服务启动成功，如图 4-4 所示。

```
[hadoop@Master conf]$ mongod --config /usr/local/mongodb/bin/conf/mongod.conf
```

```
about to fork child process, waiting until server is ready for connections.
forked process: 172632
child process started successfully, parent exiting
```

图 4-4 MongoDB 服务启动成功的信息

步骤 3 在 Master 主机上执行如下命令，启动 MongoDB Shell。启动过程中需要安装 "mongodb-org-shell"，根据提示信息输入 "y" 即可。若出现 "test>" 提示符，则证明 MongoDB Shell 启动成功，如图 4-5 所示。

```
[hadoop@Master conf]$ mongosh 192.168.1.11:27017
```

```
[hadoop@Master mongodb]$ mongosh 192.168.1.11:27017

Current Mongosh Log ID: 661782c2a5a4745f07ef634a
Connecting to:          mongodb://192.168.1.11:27017/?directConnection=true&appName=mongosh+2.2.3
Using MongoDB:          6.0.14
Using Mongosh:          2.2.3

For mongosh info see: https://docs.mongodb.com/mongodb-shell/

  The server generated these startup warnings when booting
  2024-04-11T14:14:48.812+08:00: Access control is not enabled for the database. Read and write access to data and configuration is unrestricted
  2024-04-11T14:14:48.812+08:00: /sys/kernel/mm/transparent_hugepage/enabled is 'always'. We suggest setting it to 'never'
  2024-04-11T14:14:48.812+08:00: Soft rlimits for open file descriptors too low
------

test>
```

图 4-5 MongoDB Shell 启动成功的界面

> **小提示**
>
> 将 "mongosh 192.168.1.11:27017" 命令中的 "192.168.1.11" 修改为主机名 Master 同样可以启动 MongoDB Shell。

步骤 4 在 MongoDB Shell 中执行如下语句，添加副本集成员，输出结果如图 4-6 所示。

```
test> use admin
```

项目四　文档数据库 MongoDB

```
admin> mongo_number={_id:"master", members:[
{_id:0,host:'192.168.1.11:27017',priority:3},
{_id:1,host:'192.168.1.12:27018',priority:2},
{_id:2,host:'192.168.1.13:27019',priority:1}]};
```

```
{
  _id: 'master',
  members: [
    { _id: 0, host: '192.168.1.11:27017', priority: 3 },
    { _id: 1, host: '192.168.1.12:27018', priority: 2 },
    { _id: 2, host: '192.168.1.13:27019', priority: 1 }
  ]
}
```

图 4-6　MongoDB 副本集成员

高手点拨

"mongo_number"为变量名，可以随意变化，但不能与 MongoDB 的关键字重复；"_id"字段用于指定副本集的名称；"members"字段是一个数组，包含了副本集成员的信息；每个成员都有一个唯一的标识符、IP 地址和优先级，优先级对应的数字越大表示优先级越高，优先级最高的节点为主节点。

步骤 5　执行如下语句，初始化副本集。

```
admin> rs.initiate(mongo_number)
```

步骤 6　执行如下语句，查看副本集中的成员状态，部分结果如图 4-7 所示。

```
admin> rs.status()
```

```
members: [
  {
    _id: 0,
    name: '192.168.1.11:27017',
    health: 1,
    state: 1,
    stateStr: 'PRIMARY',
    uptime: 3283,
    optime: { ts: Timestamp({ t: 1712824356, i: 1 }), t: Long('1') },
    optimeDate: ISODate('2024-04-11T08:32:36.000Z'),
    lastAppliedWallTime: ISODate('2024-04-11T08:32:36.352Z'),
    lastDurableWallTime: ISODate('2024-04-11T08:32:36.352Z'),
    syncSourceHost: '',
    syncSourceId: -1,
    infoMessage: '',
    electionTime: Timestamp({ t: 1712824296, i: 1 }),
    electionDate: ISODate('2024-04-11T08:31:36.000Z'),
    configVersion: 1,
    configTerm: 1,
    self: true,
    lastHeartbeatMessage: ''
  },
```

图 4-7　副本集中的成员状态（部分）

步骤 7　执行如下语句，退出 MongoDB Shell。

```
admin> exit
```

123

任务二　使用 MongoDB Shell 操作网站数据

任务描述

现有网站数据文件"http.txt",其中包含手机号码(phone_num)和请求网站的链接(web)两个字段的信息,如图 4-8 所示。其中,字段间的分隔符是由 Tab 键输入的制表符。

```
156****0688    http://movie.youku.com
151****6948    https://image.baidu.com
145****6218    http://v.baidu.com/tv
173****7739    http://www.weibo.com/?category=7
145****7796    http://v.baidu.com/tv
137****1795    http://weibo.com/?category=1760
183****1914    https://image.baidu.com
152****7988    http://blog.csdn.net/article/details/47444699
185****6476    https://zhidao.baidu.com/question/1430480451137504979.html
159****0636    http://movie.youku.com
185****6220    http://www.weibo.com/?category=7
136****5557    http://movie.youku.com
147****4152    http://www.weibo.com/?category=7
137****6226    http://blog.csdn.net/article/details/47444699
153****0194    http://v.baidu.com/tv
```

图 4-8　"http.txt"数据文件的内容

网站数据可以反映用户的上网习惯和兴趣偏好,操作网站数据可以帮助网站平台保存用户数据、优化网站设计、洞察用户需求等。在使用 MongoDB Shell 操作网站数据之前,我们先来学习一下在 MongoDB 中数据库、集合和文档的基本操作。

任务准备

全班学生以 3～5 人为一组,各组选出组长。组长组织组员扫码观看"MongoDB 的命名规则"视频,讨论并回答下列问题。

问题 1:简述 MongoDB 中数据库的命名规则。

问题 2:简述 MongoDB 中集合和文档的命名规则。

MongoDB 的
命名规则

一、数据库的基本操作

在 MongoDB 中,数据库的基本操作包括创建/切换数据库、查看数据库的状态、显示数据库和删除数据库等。

1. 创建/切换数据库

使用 use 关键字可以创建或切换数据库,其语法格式如下。当数据库不存在时,使用 use 关键字可以创建并切换数据库;当数据库已经存在时,使用 use 关键字只可以切换数据库。

```
use 数据库名
```

2. 查看数据库的状态

查看数据库的状态能够获取数据库的名称、集合数量、对象数量、存储空间使用情况等信息。使用 db.stats() 方法可以查看数据库的状态,其语法格式如下。

```
db.stats()
```

3. 显示数据库

使用 show dbs 关键字可以显示 MongoDB 中的所有数据库,其语法格式如下。需要注意的是,如果数据库中没有任何集合,那么该数据库不会显示出来。

```
show dbs
```

高手点拨

> MongoDB 数据库中本身包含 4 个数据库,分别为 admin、config、local 和 test。其中,admin 是 MongoDB 的管理数据库,用于管理用户、角色等信息;config 是 MongoDB 的配置数据库,用于存储分片集群的配置信息;local 是 MongoDB 的本地数据库,用于存储副本集的元数据;test 是 MongoDB 的默认数据库,用于测试环境。

4. 删除数据库

删除数据库之前,需要先切换至该数据库。使用 db.dropDatabase() 方法可以删除当前数据库,其语法格式如下。

```
db.dropDatabase()
```

【例 4-1】 操作数据库 MongoTest。

步骤 1 执行如下语句,创建并切换至数据库 MongoTest。

```
test> use MongoTest
```

步骤 2 执行如下语句,显示所有数据库,结果如图 4-9 所示。数据库 MongoTest 中没有任何集合,所以不会显示出来。

```
MongoTest> show dbs
```

步骤 3 执行如下语句，查看数据库 MongoTest 的状态，结果如图 4-10 所示。

```
MongoTest> db.stats()
```

```
admin     40.00 KiB
config    72.00 KiB
local    388.00 KiB
```

图 4-9　所有数据库

```
{
  db: 'MongoTest',
  collections: 0,
  views: 0,
  objects: 0,
  avgObjSize: 0,
  dataSize: 0,
  storageSize: 0,
  indexes: 0,
  indexSize: 0,
  totalSize: 0,
  scaleFactor: 1,
  fsUsedSize: 0,
  fsTotalSize: 0,
  ok: 1,
  '$clusterTime': {
    clusterTime: Timestamp({ t: 1712882990, i: 1 }),
    signature: {
      hash: Binary.createFromBase64('AAAAAAAAAAAAAAAAAAAAAAAAAAA=', 0),
      keyId: Long('0')
    }
  },
  operationTime: Timestamp({ t: 1712882990, i: 1 })
}
```

图 4-10　数据库 MongoTest 的状态

步骤 4 执行如下语句，删除数据库 MongoTest。

```
MongoTest> db.dropDatabase()
```

小提示

在执行数据库和集合的相关操作时，需要先切换至目标数据库和集合，然后再执行相应的操作。

二、集合的基本操作

在 MongoDB 中，集合的基本操作包括创建集合、显示集合、查看集合信息、重命名集合和删除集合等。

1. 创建集合

使用 db.createCollection()方法可以创建集合，其语法格式如下。

```
db.createCollection(
"集合名",
{
    capped:布尔值,
    size:容量上限值,
    max:文档数量的上限值
})
```

上述语法格式的详细解释如下。
- capped：可选参数，用于指定创建的集合是否为固定大小的集合。当该参数值为 true 时，表示创建集合的大小固定，必须指定 size 和 max 参数的值；当该参数值为 false（默认值）时，表示创建集合的大小不固定，不需要添加 size 和 max 参数。
- size：可选参数，用于指定固定大小集合的容量上限值。
- max：可选参数，用于指定固定大小集合中文档数量的上限值。

2．显示集合

使用 show collections 关键字或 db.getCollectionNames() 方法可以显示当前数据库中的所有集合，其语法格式如下。

```
show collections                    #方式1
db.getCollectionNames()             #方式2，以列表的形式显示集合名称
```

3．查看集合信息

集合的信息包括集合的名称、类型和参数等信息。使用 db.getCollectionInfos() 方法可以查看当前数据库中所有集合的信息，其语法格式如下。

```
db.getCollectionInfos()
```

4．重命名集合

使用 renameCollection() 方法可以重命名集合，其语法格式如下。

```
db.旧的集合名.renameCollection("新的集合名")
```

5．删除集合

使用 drop() 方法可以删除指定集合，其语法格式如下。

```
db.集合名.drop()
```

【例 4-2】 操作数据库 StudentTest 中的集合。

步骤 1 执行如下语句，创建并切换至数据库 StudentTest。

```
MongoTest> use StudentTest
```

步骤 2 执行如下语句，创建集合 student。

```
StudentTest> db.createCollection("student")
```

步骤 3 执行如下语句，创建集合 Student。

```
StudentTest> db.createCollection("Student",
{capped:true, size:5242880, max:5000})
```

> 小 提 示
>
> 在 MongoDB Shell 中，集合名是区分大小写的，所以 student 和 Student 是两个不同的集合。

步骤 4 执行如下语句，显示数据库 StudentTest 中的所有集合，结果如图 4-11 所示。

```
StudentTest> show collections
```

```
master [direct: primary] StudentTest> show collections
student
Student
```

图 4-11　数据库 StudentTest 中的所有集合

步骤 5 执行如下语句，查看数据库 StudentTest 中所有集合的信息，结果如图 4-12 所示。

```
StudentTest> db.getCollectionInfos()
```

```
[
  {
    name: 'Student',
    type: 'collection',
    options: { capped: true, size: 5242880, max: 5000 },
    info: {
      readOnly: false,
      uuid: UUID('30e86615-6993-43ff-b280-63fda2fe32d7')
    },
    idIndex: { v: 2, key: { _id: 1 }, name: '_id_' }
  },
  {
    name: 'student',
    type: 'collection',
    options: {},
    info: {
      readOnly: false,
      uuid: UUID('db6a1f95-7216-446d-9d5b-96ed25653a01')
    },
    idIndex: { v: 2, key: { _id: 1 }, name: '_id_' }
  }
]
```

图 4-12　数据库 StudentTest 中所有集合的信息

步骤 6 执行如下语句，将集合 Student 重命名为 teacher。

```
StudentTest> db.Student.renameCollection("teacher")
```

步骤 7 执行如下语句，删除集合 teacher。

```
StudentTest> db.teacher.drop()
```

三、文档的基本操作

在 MongoDB 中，文档的基本操作包括插入文档、查询文档、更新文档、删除文档和聚合文档等。

1. 插入文档

使用 insertOne() 方法或 insertMany() 方法可以向集合中插入文档。

（1）使用 insertOne() 方法一次只能向集合中插入一个文档，其语法格式如下。

```
db.集合名.insertOne(
    <文档对象>,
```

项目四 文档数据库 MongoDB

```
  {
    writeConcern:<参数对象>,
    bypassDocumentValidation:布尔值
  }
)
```

上述语法格式的详细解释如下。
➤ 文档对象：表示要插入的实际文档。
➤ writeConcern：可选参数，用于指定操作的安全级别。

小 提 示

writeConcern 的参数对象中包含 3 个参数，分别为 w、j 和 wtimeout。

① w 为可选参数，当参数值为数值时，表示至少需要 w 个节点确认操作已完成；当参数值为 majority 时，表示需要大多数节点确认操作已完成。

② j 为可选参数，当参数值为 true 时，保证操作的持久性；当参数值为 false（默认值）时，不保证操作的持久性。

③ wtimeout 为可选参数，用于指定操作的超时时间（以毫秒为单位）。

➤ bypassDocumentValidation：可选参数，用于指定是否绕过文档验证。当该参数值为 false（默认值）时，表示不绕过文档验证，即不允许插入不符合集合验证规则的文档；当该参数为 true 时，表示绕过文档验证。

（2）使用 insertMany()方法一次可以向集合中插入多个文档，其语法格式如下。

```
db.集合名.insertMany(
  [<文档对象 1>, <文档对象 2> …],
  {
    writeConcern:<参数对象>,
    bypassDocumentValidation:布尔值,
    ordered:布尔值
  }
)
```

其中，ordered 为可选参数，用于指定在插入过程中某个文档出现错误时是否停止插入操作。当该参数值为 false（默认值）时，表示停止插入操作；当该参数值为 true 时，表示不停止插入操作。

【例 4-3】 向数据库 StudentTest 的集合 student 中插入文档。

步骤 ① 执行如下语句，使用 insertOne()方法向集合 student 中插入一个文档。

```
StudentTest> db.student.insertOne(
```

129

```
    {name:"Lily", sex:"female", city:"beijing",
    course:["computer","math"], score:98}
)
```

步骤 2 执行如下语句，使用 insertMany()方法向集合 student 中插入多个文档。

```
StudentTest> db.student.insertMany([
    {name:"Tom", sex:"male", city:"shanghai", score:77},
    {name:"Bob", sex:"male", city:"guangzhou", score:90}],
    {
    writeConcern:{w:"majority", j:true, wtimeout:1000},
    ordered:true
    }
)
```

2．查询文档

使用 findOne()方法或 find()方法可以查询集合中的文档。

（1）使用 findOne()方法可以查询集合中符合条件的第一个文档，其语法格式如下。

`db.集合名.findOne (<查询条件>, <投影操作>)`

其中，查询条件为可选参数，默认为{}，表示匹配所有文档，查询条件中常用的条件操作符如表 4-2 所示；投影操作为可选参数，用于指定返回结果中包含或排除的字段，默认返回所有字段。

表 4-2　查询条件中常用的条件操作符

操作符类型	操作符	说明	操作符类型	操作符	说明
比较操作符	$eq	等于	逻辑操作符	$and	逻辑与
	$ne	不等于		$or	逻辑或
	$gt	大于		$not	逻辑非
比较操作符	$gte	大于等于	元素操作符	$exists	检查字段是否存在，返回所有包含该字段的文档
	$lt	小于		$type	检查字段类型
	$lte	小于等于	数组操作符	$all	匹配包含所有指定元素的数组
	$in	包含在数组中	正则表达式操作符	$regex	使用正则表达式进行匹配
	$nin	不包含在数组中	—	—	—

（2）使用 find()方法可以查询集合中符合条件的所有文档，其语法格式如下。

db.集合名.find (<查询条件>, <投影操作>)

高手点拨

MongoDB 还提供了一些附加的方法，用于对查询结果进行进一步操作。常用的附加方法如下。

① sort()：对查询结果进行排序。
② limit()：限制返回的文档数量。
③ count()：统计符合查询条件的文档数量。
④ toArray()：将查询结果转换为数组。
⑤ pretty()：以易读的格式输出查询结果。
⑥ forEach()：对查询结果中的每个文档执行指定的 JavaScript 函数，主要用于对查询结果进行迭代处理。

【例 4-4】 查询数据库 StudentTest 的集合 student 中的文档。

步骤 1 执行如下语句，查询集合 student 中的所有文档，结果如图 4-13 所示。

StudentTest> db.student.find()

步骤 2 执行如下语句，查询集合 student 中 name 字段值为 Lily 的文档，结果如图 4-14 所示。

StudentTest> db.student.find({name:"Lily"})

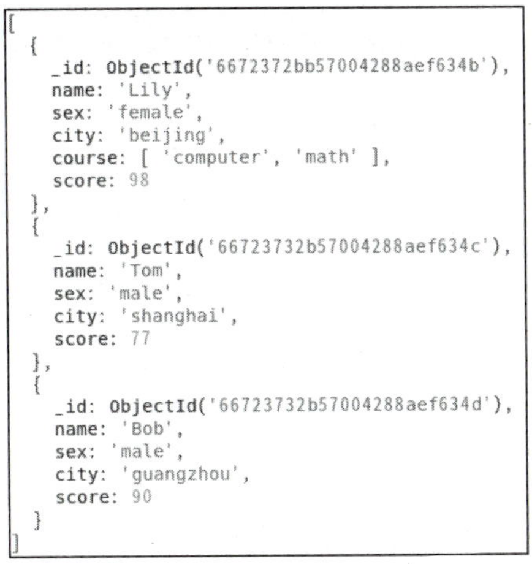

图 4-13　集合 student 中的所有文档　　图 4-14　集合 student 中 name 字段值为 Lily 的文档

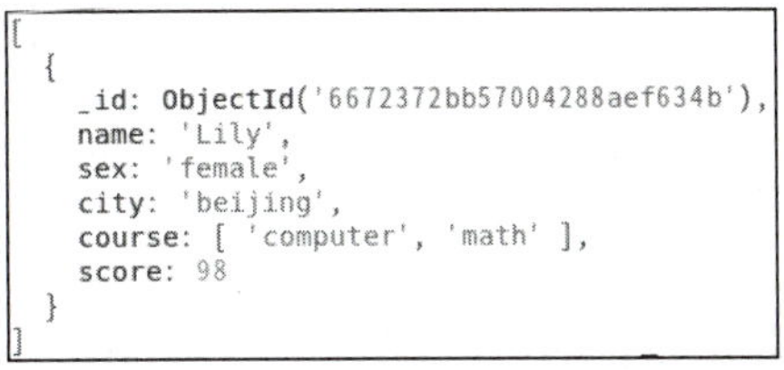

步骤 3 执行如下语句，查询集合 student 中包含 course 字段的文档，结果如图 4-15 所示。

StudentTest> db.student.find({course:{$exists:true}})

步骤 4 执行如下语句，查询集合 student 中的前两个文档，结果如图 4-16 所示。

```
StudentTest> db.student.find().limit(2)
```

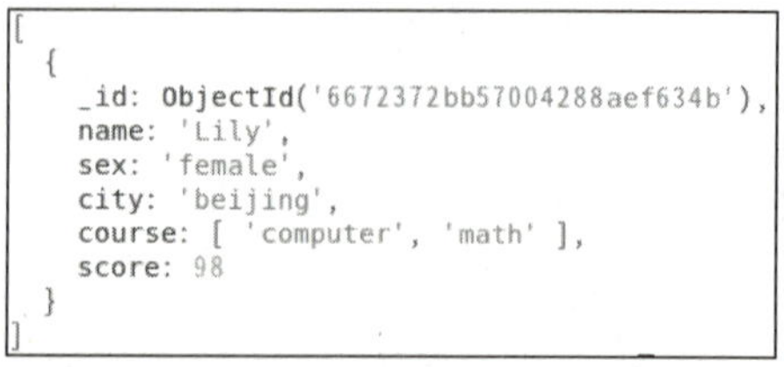

图 4-15　集合 student 中包含 course 字段的文档

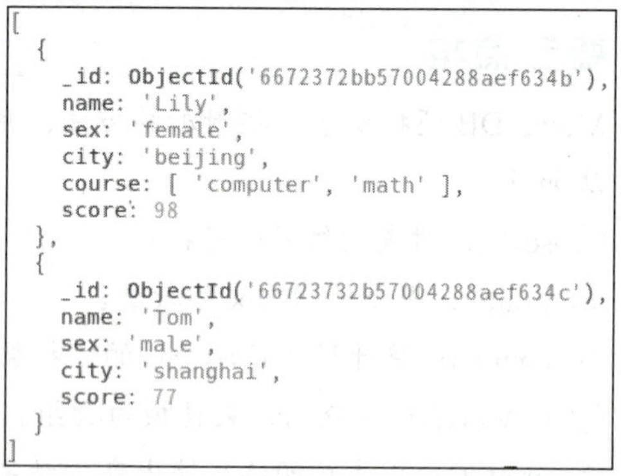

图 4-16　集合 student 中的前两个文档

步骤 5 执行如下语句，查询集合 student 中 score 字段值大于 80 的文档，结果如图 4-17 所示。

```
StudentTest> db.student.find({score:{$gt:80}})
```

步骤 6 执行如下语句，查询集合 student 中 sex 字段值为 male 的文档，并按照 score 字段升序排列，结果如图 4-18 所示。语句中，"1"表示升序排序，如果需要降序排序，则使用"-1"。

```
StudentTest> db.student.find({sex:"male"}).sort({score:1})
```

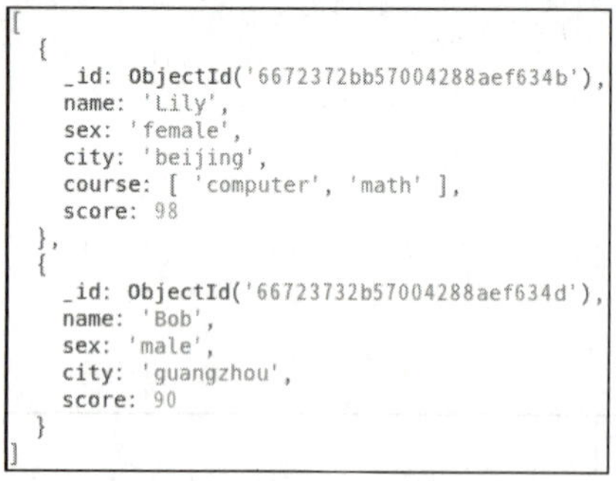

图 4-17　集合 student 中 score 字段值大于 80 的文档

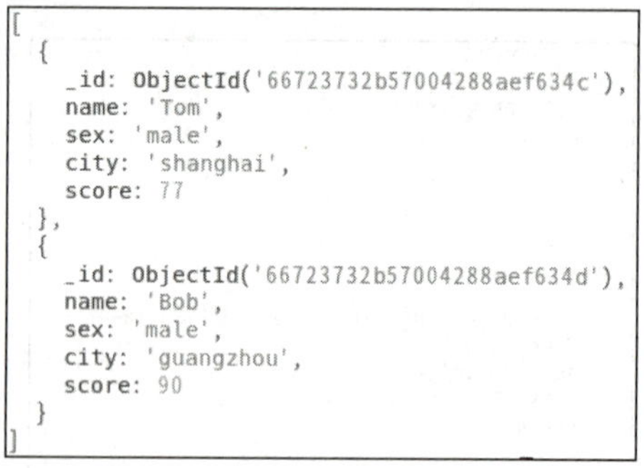

图 4-18　查询并排序后的文档

3. 更新文档

使用 updateOne() 方法或 updateMany() 方法可以更新集合中的文档。

（1）使用 updateOne() 方法可以更新集合中符合条件的第一个文档，其语法格式如下。

```
db.集合名.updateOne(
    <更新条件>,
    <更新操作>,
```

```
    {
        upsert:布尔值,
        writeConcern:<参数对象>
    })
```

上述语法格式的详细解释如下。

➢ 更新条件：用于匹配要更新的文档。
➢ 更新操作：用于指定要对匹配到的文档进行的更新操作，包含更新操作符和更新内容。常用的更新操作符如表 4-3 所示。

表 4-3 常用的更新操作符

操作符	描 述	操作符	描 述
$set	设置指定字段的值	$push	向数组字段中添加新元素
$unset	删除指定字段	$pull	从数组字段中删除指定元素
$inc	递增指定字段的值	—	—

➢ upsert：可选参数，用于指定如果没有匹配的文档时是否插入新的文档。当该参数值为 false（默认值）时，表示不插入新文档；当该参数值为 true 时，表示插入新文档。

（2）使用 updateMany()方法可以更新集合中符合条件的所有文档，其语法格式如下。

```
db.集合名.updateMany (
    <更新条件>,
    <更新操作>,
    {
        upsert:布尔值,
        writeConcern:<参数对象>
    })
```

【例 4-5】 更新数据库 StudentTest 的集合 student 中的文档。

步骤 1 执行如下语句，将 sex 字段值为 male 的第一个文档中的 score 字段值更新为 87。

```
StudentTest> db.student.updateOne (
    {sex:"male"},
    {$set:{score:87}}
)
```

步骤 2 执行如下语句，将 sex 字段值为 male 的所有文档中的 city 字段值更新为 hangzhou。

```
StudentTest> db.student.updateMany (
    {sex:"male"},
    {$set:{city:"hangzhou"}}
)
```

步骤 3 执行如下语句,向 name 字段值为 Lily 的第一个文档的 course 字段中插入一个元素。

```
StudentTest> db.student.updateOne (
    {name:"Lily"},
    {$push:{course:"English"}}
)
```

步骤 4 执行如下语句,将 name 字段值为 Jack 的第一个文档中的 city 字段值更新为 henan。

```
StudentTest> db.student.updateOne (
    {name:"Jack"},
    {$set:{city:"henan"}},
    {upsert:true}
)
```

步骤 5 执行如下语句,查询集合 student 中的所有文档,结果如图 4-19 所示。

```
StudentTest> db.student.find()
```

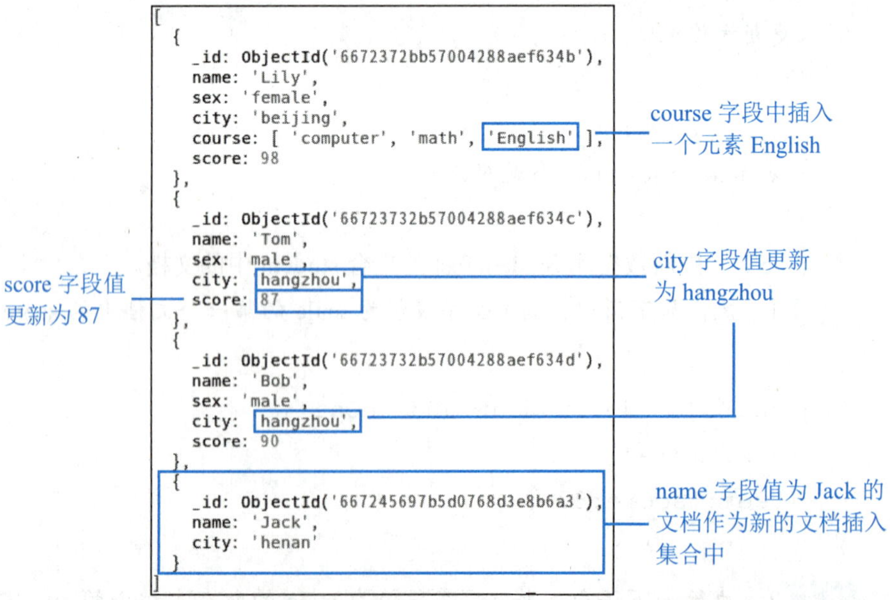

```
[
  {
    _id: ObjectId('6672372bb57004288aef634b'),
    name: 'Lily',
    sex: 'female',
    city: 'beijing',
    course: [ 'computer', 'math', 'English' ],
    score: 98
  },
  {
    _id: ObjectId('66723732b57004288aef634c'),
    name: 'Tom',
    sex: 'male',
    city: 'hangzhou',
    score: 87
  },
  {
    _id: ObjectId('66723732b57004288aef634d'),
    name: 'Bob',
    sex: 'male',
    city: 'hangzhou',
    score: 90
  },
  {
    _id: ObjectId('667245697b5d0768d3e8b6a3'),
    name: 'Jack',
    city: 'henan'
  }
]
```

- course 字段中插入一个元素 English
- score 字段值更新为 87
- city 字段值更新为 hangzhou
- name 字段值为 Jack 的文档作为新的文档插入集合中

图 4-19 集合 student 中的所有文档

4. 删除文档

使用 deleteOne() 方法或 deleteMany() 方法可以删除集合中的文档。

（1）使用 deleteOne() 方法可以删除集合中符合条件的第一个文档，其语法格式如下。

```
db.集合名.deleteOne (
   <删除条件>,
   {
     maxTimeMS: 最长执行时间
   }
)
```

上述语法格式的详细解释如下。

➢ 删除条件：用于指定删除文档的条件。

➢ maxTimeMS：可选参数，用于指定操作的超时时间（以毫秒为单位）。

（2）使用 deleteMany() 方法可以删除集合中符合条件的所有文档，其语法格式如下。

```
db.集合名.deleteMany (
   <删除条件>,
   {
     maxTimeMS: 最长执行时间,
     writeConcern: <参数对象>,
     collation: <排序规则>
   }
)
```

其中，collation 为可选参数，用于指定执行字符串比较时使用的排序规则。

【例 4-6】 删除数据库 StudentTest 的集合 student 中的文档。

步骤 1 执行如下语句，删除集合 student 中 name 字段值为 Bob 的第一个文档。

```
StudentTest> db.student.deleteOne({name:"Bob"})
```

步骤 2 执行如下语句，删除集合 student 中 sex 字段值为 female 的所有文档。

```
StudentTest> db.student.deleteMany({sex:"female"})
```

5. 聚合文档

在 MongoDB 中，聚合文档主要是指对文档进行分组、筛选、投影和计算等操作。

使用 aggregate() 方法可以对文档进行聚合操作，其语法格式如下。

```
db.集合名.aggregate(<聚合操作>)
```

其中，聚合操作中可以使用管道操作符、聚合操作符和比较操作符等进行不同的操作。常见的管道操作符和聚合操作符如表 4-4 和表 4-5 所示。

表 4-4 常见的管道操作符

操作符	描 述	操作符	描 述
$sort	将输出结果排序	$limit	限制返回的文档数量
$group	将集合中的文档分组，可用于统计结果	$skip	略过指定数量的文档，并返回剩余的文档
$match	用于过滤数据，只输出符合条件的文档	$unwind	将文档中的某一个数组类型的键值拆分成多个文档，每个文档包含数组中的一个元素

表 4-5 常见的聚合操作符

操作符	描 述	操作符	描 述
$sum	计算总和	$max	返回最大值
$avg	计算平均值	$push	将数值插入一个数组中
$min	返回最小值	$first/$last	将文档排序后，返回第一个或最后一个文档数据

【例 4-7】 对数据库 StudentTest 的集合 info 中的文档进行聚合。

步骤 1 执行如下语句，向集合 info 中插入文档。

```
#集合info在插入文档前没有创建，所以在插入文档时系统会先自动创建集合info
StudentTest> db.info.insert ([
    {name:"Tom", sex:"male", grade:90},
    {name:"Bob", sex:"male", grade:100},
    {name:"Lily", sex:"female", grade:88},
    {name:"Lisa", sex:"female", grade:95},
    {name:"Jack", sex:"female", grade:75}
])
```

步骤 2 执行如下语句，计算不同性别学生的平均成绩，结果如图 4-20 所示。

```
StudentTest> db.info.aggregate (
    {$group:{_id:"$sex", avg_grade:{$avg:"$grade"}}}
)
```

[{ _id: 'male', avg_grade: 95 }, { _id: 'female', avg_grade: 86 }]

图 4-20 不同性别学生的平均成绩

高手点拨

在MongoDB的聚合管道操作中，$符号通常用于引用指定的字段或特定的操作符。

任务实施

任务分析 操作网站数据之前，首先需要创建数据库和集合；然后将图4-8中的数据插入集合中，并根据需要更新、查询、删除和聚合文档。

使用 MongoDB Shell 操作网站数据

1. 创建数据库和集合

步骤1 在3台主机上启动MongoDB服务；然后在Master主机上启动MongoDB Shell。

步骤2 执行如下语句，创建并切换至数据库web。

```
test> use web
```

步骤3 执行如下语句，创建集合http_logs。

```
web> db.createCollection("http_logs")
```

步骤4 执行如下语句，显示数据库web中的所有集合。若显示的集合中含有http_logs，则证明集合http_logs创建成功。

```
web> show collections
```

步骤5 执行如下语句，显示所有数据库。若显示的数据库中含有web，则证明数据库web创建成功。

```
web> show dbs
```

2. 操作文档

步骤1 执行如下语句，向集合http_logs中插入文档。

```
web> db.http_logs.insertMany([
  {phone_num:"156****0688", web:"http://movie.youku.com"},
  {phone_num:"151****6948", web:"https://image.baidu.com"},
  {phone_num:"145****6218", web:"http://v.baidu.com/tv"},
  {phone_num:"173****7739", web:"http://www.weibo.com/?category=7"},
  {phone_num:"145****7796", web:"http://v.baidu.com/tv"},
  {phone_num:"137****1795", web:"http://weibo.com/?category=1760"},
  {phone_num:"183****1914", web:"https://image.baidu.com"},
```

```
    {phone_num:"152****7988", web:"http://blog.csdn.net/article/
details/47444699"},
    {phone_num:"185****6476",web:"https://zhidao.baidu.com/question/
1430480451137504979.html"},
    {phone_num:"159****0636", web:"http://movie.youku.com"},
    {phone_num:"185****6220", web:"http://www.weibo.com/?category=7"},
    {phone_num:"136****5557", web:"http://movie.youku.com"},
    {phone_num:"147****4152", web:"http://www.weibo.com/?category=7"},
    {phone_num:"137****6226", web:"http://blog.csdn.net/article/
details/47444699"},
    {phone_num:"153****0194", web:"http://v.baidu.com/tv"}
])
```

步骤 2 执行如下语句，查询集合 http_logs 中的文档，验证文档插入是否成功。

```
web> db.http_logs.find()
```

步骤 3 执行如下语句，统计访问次数排名前 5 的网址，结果如图 4-21 所示。

```
web> db.http_logs.aggregate([
    {$group:{_id:"$web", count:{$sum:1}}},
    {$sort:{count:-1}},
    {$limit:5}
])
```

```
[
  { _id: 'http://www.weibo.com/?category=7', count: 3 },
  { _id: 'http://v.baidu.com/tv', count: 3 },
  { _id: 'http://movie.youku.com', count: 3 },
  { _id: 'https://image.baidu.com', count: 2 },
  { _id: 'http://blog.csdn.net/article/details/47444699', count: 2 }
]
```

图 4-21 访问次数排名前 5 的网址

步骤 4 执行如下语句，统计访问图片（image）网站的用户数量，结果如图 4-22 所示。

```
web> db.http_logs.aggregate([
    {$match:{web:{$regex:"image"}}},
    {$group:{_id:null,user_count:{$sum:1}}}
])
```

```
[ { _id: null, user_count: 2 } ]
```

图 4-22 访问图片网站的用户数量

步骤 5 执行如下语句，将集合 http_logs 中 phone_num 字段值为 "137****6226" 的第一个文档中的 web 字段值更新为 "http://blog.csdn.net/article"。

```
web> db.http_logs.updateOne(
    {phone_num:"137****6226"},
    {$set:{web:"http://blog.csdn.net/article"}}
)
```

步骤 6 执行如下语句,将集合 http_logs 中的 web 字段值 "http://v.baidu.com/tv" 全部更新为 "http://baidu.com/tv"。

```
web> db.http_logs.updateMany(
    {web:"http://v.baidu.com/tv"},
    {$set:{web:"http://baidu.com/tv"}}
)
```

步骤 7 执行如下语句,删除集合 http_logs 中 web 字段值包含 movie 的第一个文档。

```
web> db.http_logs.deleteOne({web:{$regex:"movie"}})
```

任务三　使用 MongoDB Java API 操作网站数据

任务描述

MongoDB Java API 是一套允许开发者使用 Java 编程语言与 MongoDB 数据库进行交互的接口和工具集。使用 MongoDB Java API 可以让开发者更灵活、高效地进行数据库操作。在使用 MongoDB Java API 操作网站数据之前,我们先来学一下 MongoDB Java API 的基础知识,以及使用它操作数据库、集合和文档的基本步骤和常用方法。

任务准备

全班学生以 3~5 人为一组,各组选出组长。组长组织组员扫码观看 "MongoDB 的可视化管理工具" 视频,讨论并回答下列问题。

问题 1：简述可视化管理工具的作用。

问题 2：简述常用的 MongoDB 可视化管理工具。

MongoDB 的
可视化管理工具

一、MongoDB Java API 概述

通过 MongoDB 客户端 API，开发者可以使用 Java、Python、Node.js、C#等多种编程语言编写应用程序来连接、管理和操作 MongoDB 数据库。本书使用 Java API 操作 MongoDB。

下面介绍如何在 IDEA 的 Java 项目中添加访问 MongoDB 的相关依赖包。

步骤 1 启动 IDEA，新建项目 MongoTest。

步骤 2 添加使用 Java 访问 MongoDB 的相关依赖包。打开 MongoTest 项目中的 XML 文件"pom.xml"，在该文件的<project></project>标签中添加如下依赖项。

```xml
<dependencies>
    <dependency>
        <groupId>org.mongodb</groupId>
        <artifactId>mongodb-driver-sync</artifactId>
        <version>5.0.0</version> <!--通常选择最新版本-->
    </dependency>
</dependencies>
```

> **小提示**
>
> 访问"https://mongodb.github.io/mongo-java-driver"查看"mongodb-driver-sync"的最新版本号。

步骤 3 单击代码编辑区中的"加载 Maven 更改"按钮，或在代码编辑区中右击，在弹出的快捷菜单中选择"Maven"/"重新加载项目"选项，将更改加载到 Maven。

二、数据库、集合和文档的基本操作

使用 MongoDB Java API 可以实现数据库、集合和文档的基本操作，基本步骤如下。

（1）获取 MongoDB 连接。使用 create()方法可以创建 MongoClient 对象，用于与 MongoDB 服务器建立连接，基本方法如下。

```
MongoClient mongoClient = MongoClients.create("mongodb://主机名:端口号");
```

（2）创建或获取数据库。使用 getDatabase()方法可以创建或获取指定数据库，基本方法如下。

```
MongoDatabase database = mongoClient.getDatabase("数据库名");
```

小 提 示

当数据库不存在时,使用 getDatabase()方法可以创建并获取数据库;当数据库已经存在时,使用 getDatabase()方法只能获取数据库。

(3)创建或获取集合。使用 getCollection()方法可以创建或获取指定集合,基本方法如下。

```
MongoCollection<Document> collection = database.getCollection(
"集合名");
```

 小 提 示

当集合不存在时,使用 createCollection()方法可以创建指定集合。

(4)执行文档的基本操作。

① 使用 insertOne()方法或 insertMany()方法一次可以向集合中插入一个或多个文档,基本方法如下。

```
//一次插入一个文档
Document document = new Document("键1", 值1).append("键2", 值2);
collection.insertOne(document);
//一次插入多个文档
List<Document> documents = Arrays.asList(
    new Document("键1", 值1).append("键2", 值2),
    new Document("键1", 值1).append("键2", 值2)
);
collection.insertMany(documents);
```

② 使用 find()方法可以查询指定集合中符合条件的文档,基本方法如下。

```
FindIterable<Document> iterable = collection.find(查询条件);
```

③ 使用 updateOne()方法或 updateMany()方法可以更新集合中符合条件的第一个文档或所有文档,基本方法如下。

```
//更新符合条件的第一个文档
collection.updateOne(更新条件, 更新操作);
//更新符合条件的所有文档
collection.updateMany(更新条件, 更新操作);
```

④ 使用 deleteOne()方法或 deleteMany()方法可以删除集合中符合条件的第一个文档或所有文档,基本方法如下。

```
//删除符合条件的第一个文档
collection.deleteOne(删除条件);
//删除符合条件的所有文档
collection.deleteMany(删除条件);
```

⑤ 使用 aggregate() 方法聚合文档，基本方法如下。

```
collection.aggregate(Arrays.asList(聚合操作));
```

其中，聚合操作可以通过调用 Accumulators 类的方法实现，常用的方法包括 sort()、match()、group()、sum()、avg()、max()、push()等。

（5）关闭连接。

```
mongoClient.close();
```

任务实施

使用 MongoDB Java
API 操作网站数据

任务分析 首先创建数据库和集合；然后将图 4-8 中的文件数据批量插入集合中；最后根据需要更新、查询、删除和聚合文档。

1. 创建数据库和集合

步骤 1 在 MongoTest 项目的"src/main/java"目录中创建 CreateDatabase 类，并在该类中编写如下代码。

```java
import com.mongodb.client.MongoClients;
import com.mongodb.client.MongoClient;
import com.mongodb.client.MongoDatabase;
public class CreateDatabase {
    public static void main(String[] args) {
        //获取 MongoDB 连接
        try (MongoClient mongoClient = MongoClients.create("mongodb://Master:27017")) {
            //创建数据库 web1
            MongoDatabase database = mongoClient.getDatabase("web1");
            //创建集合 http_logs
            database.createCollection("http_logs");
            System.out.println("数据库和集合创建成功！");
        } catch (Exception e) {
            System.err.println("错误: " + e.getMessage());
        }
    }
```

            }
      }

步骤 2 在 IDEA 中运行上述代码，控制台输出"数据库和集合创建成功！"提示信息，则证明代码运行成功。

步骤 3 在 MongoDB Shell 中执行如下语句，显示所有数据库。若显示的数据库中含有 web1，则证明数据库 web1 创建成功。

```
test> show dbs
```

步骤 4 执行如下语句，切换至数据库 web1，并显示该数据库中的所有集合。若显示的集合中含有 http_logs，则证明集合 http_logs 创建成功。

```
test> use web1
web1> show collections
```

2. 插入文档

步骤 1 在 MongoTest 项目的"src/main/java"目录中创建 InsertCollection 类，并在该类中编写如下代码。

```java
import com.mongodb.client.MongoClients;
import com.mongodb.client.MongoClient;
import com.mongodb.client.MongoCollection;
import com.mongodb.client.MongoDatabase;
import org.bson.Document;
import java.io.BufferedReader;
import java.io.FileReader;
import java.io.IOException;
public class InsertCollection {
    public static void main(String[] args) {
        String connectionString = "mongodb://Master:27017";
        String databaseName = "web1";          //数据库名称
        String collectionName = "http_logs";   //集合名称
        try {
            MongoClient mongoClient = MongoClients.create(connectionString);
            //获取数据库
            MongoDatabase database = mongoClient.getDatabase(databaseName);
```

```java
            //获取集合
            MongoCollection<Document> collection = database.getCollection(collectionName);
            //读取本地文件
            String filePath = "D:\\SoftWare_book\\IDEA\\mongo_idea_code\\mongoTest\\http.txt";
            //调用自定义方法insertFromFile(),执行插入文档操作
            insertFromFile(collection, filePath);
            System.out.println("文档插入成功!");
            //关闭连接
            mongoClient.close();
        } catch (Exception e) {
            System.err.println("错误: " + e.getMessage());
        }
    }
    //自定义方法insertFromFile(),从文件中读取数据并插入集合
    private static void insertFromFile(MongoCollection<Document> collection, String filePath) throws IOException {
        BufferedReader reader = new BufferedReader(new FileReader(filePath));
        String line;
        //逐行读取文件内容
        while ((line = reader.readLine()) != null) {
            //按照Tab分隔符分割字段
            String[] parts = line.split("\t");
            //检查行数据格式是否正确,若正确将文档插入集合
            if (parts.length == 2) {
                //创建文档对象,包含手机号码和请求网站的链接两个字段
                Document document = new Document("phone_num", parts[0]).append("web", parts[1]);
                //将文档插入集合
                collection.insertOne(document);
            }
        }
```

```
        reader.close();
    }
}
```

步骤 2 在IDEA中运行上述代码,控制台输出"文档插入成功!"提示信息,则证明代码运行成功。

3. 更新文档

步骤 1 在MongoTest项目的"src/main/java"目录中创建UpdateCollection类,并在该类中编写如下代码。

```
import com.mongodb.client.MongoClients;
import com.mongodb.client.MongoClient;
import com.mongodb.client.MongoCollection;
import com.mongodb.client.MongoDatabase;
import com.mongodb.client.result.UpdateResult;
import org.bson.Document;
public class UpdateCollection {
    public static void main(String[] args) {
        String connectionString = "mongodb://Master:27017";
        String databaseName = "web1";
        String collectionName = "http_logs";
        try {
            MongoClient mongoClient = MongoClients.create(connectionString);
            MongoDatabase database = mongoClient.getDatabase(databaseName);
            MongoCollection<Document> collection = database.getCollection(collectionName);
            //调用自定义方法updateDocument(),执行更新文档操作
            updateDocument(collection);
            System.out.println("文档更新成功!");
            mongoClient.close();
        } catch (Exception e) {
            System.err.println("错误: " + e.getMessage());
        }
    }
```

```
        //自定义方法updateDocument(), 更新文档
        private static void updateDocument(MongoCollection<Document> collection) {
            //定义更新条件，找到phone_num字段值为"137****6226"的文档
            Document query = new Document("phone_num", "137****6226");
            //定义更新操作
            Document update = new Document("$set", new Document("web", "http://blog.csdn.net/article"));
            //执行更新操作
            UpdateResult result = collection.updateOne(query, update);
            //打印更新结果
            System.out.println("匹配的文档数：" + result.getMatchedCount());
            System.out.println("修改的文档数：" + result.getModifiedCount());
        }
    }
```

步骤 2 在IDEA中运行上述代码，控制台输出结果如图4-23所示。

```
匹配的文档数：1
修改的文档数：1
文档更新成功！
```

图4-23 控制台输出结果

4. 查询文档

步骤 1 在MongoTest项目的"src/main/java"目录中创建FindCollection类，并在该类中编写如下代码。

```
import com.mongodb.client.MongoClients;
import com.mongodb.client.MongoClient;
import com.mongodb.client.MongoCollection;
import com.mongodb.client.MongoDatabase;
import org.bson.Document;
public class FindCollection {
    public static void main(String[] args) {
        String connectionString = "mongodb://Master:27017";
        String databaseName = "web1";
```

```
            String collectionName = "http_logs";
            try {
                MongoClient mongoClient = MongoClients.create(connectionString);
                MongoDatabase database = mongoClient.getDatabase(databaseName);
                MongoCollection<Document> collection = database.getCollection(collectionName);
                /*查询集合中的文档并打印结果。首先查询所有文档，然后调用forEach()方法将文档转换为JSON格式的字符串并打印查询结果*/
                collection.find().forEach(document -> System.out.println(document.toJson()));
                mongoClient.close();
            } catch (Exception e) {
                System.err.println("错误: " + e.getMessage());
            }
        }
    }
```

步骤 2 在IDEA中运行上述代码，控制台输出结果如图4-24所示。

```
{"_id": {"$oid": "661e3bdb9b1b2d29f1ad3765"}, "phone_num": "156****0688", "web": "http://movie.youku.com"}
{"_id": {"$oid": "661e3be79b1b2d29f1ad3766"}, "phone_num": "151****6948", "web": "https://image.baidu.com"}
{"_id": {"$oid": "661e3be79b1b2d29f1ad3767"}, "phone_num": "145****6218", "web": "http://v.baidu.com/tv"}
{"_id": {"$oid": "661e3be79b1b2d29f1ad3768"}, "phone_num": "173****7739", "web": "http://www.weibo.com/?category=7"}
{"_id": {"$oid": "661e3be79b1b2d29f1ad3769"}, "phone_num": "145****7796", "web": "http://v.baidu.com/tv"}
{"_id": {"$oid": "661e3be79b1b2d29f1ad376a"}, "phone_num": "137****1795", "web": "http://weibo.com/?category=1760"}
{"_id": {"$oid": "661e3be79b1b2d29f1ad376b"}, "phone_num": "183****1914", "web": "https://image.baidu.com"}
{"_id": {"$oid": "661e3be79b1b2d29f1ad376c"}, "phone_num": "152****7988", "web": "http://blog.csdn.net/article/details/47444699"}
{"_id": {"$oid": "661e3be79b1b2d29f1ad376d"}, "phone_num": "185****6476", "web": "https://zhidao.baidu.com/question/1430480451137504979.html"}
{"_id": {"$oid": "661e3be79b1b2d29f1ad376e"}, "phone_num": "159****0036", "web": "http://movie.youku.com"}
{"_id": {"$oid": "661e3be79b1b2d29f1ad376f"}, "phone_num": "185****6220", "web": "http://www.weibo.com/?category=7"}
{"_id": {"$oid": "661e3be79b1b2d29f1ad3770"}, "phone_num": "136****5557", "web": "http://movie.youku.com"}
{"_id": {"$oid": "661e3be79b1b2d29f1ad3771"}, "phone_num": "147****4152", "web": "http://www.weibo.com/?category=7"}
{"_id": {"$oid": "661e3be79b1b2d29f1ad3772"}, "phone_num": "137****6226", "web": "http://blog.csdn.net/article"}
{"_id": {"$oid": "661e3be79b1b2d29f1ad3773"}, "phone_num": "153****0194", "web": "http://v.baidu.com/tv"}
```

图4-24 集合http_logs中的所有文档

5. 删除文档

步骤 1 在MongoTest项目的"src/main/java"目录中创建DeleteCollection类，并在该类中编写如下代码。

```
import com.mongodb.client.MongoClients;
import com.mongodb.client.MongoClient;
import com.mongodb.client.MongoCollection;
import com.mongodb.client.MongoDatabase;
```

```java
import com.mongodb.client.model.Filters;
import org.bson.Document;
public class DeleteCollection {
    public static void main(String[] args) {
        String connectionString = "mongodb://Master:27017";
        String databaseName = "web1";
        String collectionName = "http_logs";
        try {
            MongoClient mongoClient = MongoClients.create(connectionString);
            MongoDatabase database = mongoClient.getDatabase(databaseName);
            MongoCollection<Document> collection = database.getCollection(collectionName);
            //删除符合条件的第一个文档
            collection.deleteOne(Filters.regex("web", "movie"));
            System.out.println("已成功删除包含"movie"的第一个文档!");
            mongoClient.close();
        } catch (Exception e) {
            System.err.println("错误: " + e.getMessage());
        }
    }
}
```

步骤 2 在 IDEA 中运行上述代码,控制台输出"已成功删除包含'movie'的第一个文档!"提示信息,则证明代码运行成功。

6. 聚合文档

步骤 1 在 MongoTest 项目的 "src/main/java" 目录中创建 AggregateCollection 类,并在该类中编写如下代码。

```java
import com.mongodb.client.MongoClients;
import com.mongodb.client.MongoClient;
import com.mongodb.client.MongoCollection;
import com.mongodb.client.MongoDatabase;
import org.bson.Document;
import com.mongodb.client.model.Accumulators;
```

```java
import com.mongodb.client.model.Aggregates;
import static com.mongodb.client.model.Filters.regex;
import java.util.Arrays;
public class AggregateCollection {
    public static void main(String[] args) {
        String connectionString = "mongodb://Master:27017";
        String databaseName = "web1";
        String collectionName = "http_logs";
        try {
            MongoClient mongoClient = MongoClients.create(connectionString);
            MongoDatabase database = mongoClient.getDatabase(databaseName);
            MongoCollection<Document> collection = database.getCollection(collectionName);
            //使用聚合操作进行统计
            Document result = collection.aggregate(
                Arrays.asList(
                    Aggregates.match(regex("web", "image")),
                    Aggregates.group(null,Accumulators.sum("count", 1))
            )).first();
            //获取结果并打印
            long count = result.getInteger("count");
            System.out.println("访问图片网站的用户数量: " + count);
            mongoClient.close();
        } catch (Exception e) {
            System.err.println("错误: " + e.getMessage());
        }
    }
}
```

步骤 2 在 IDEA 中运行上述代码，控制台输出结果如图 4-25 所示。

```
访问图片网站的用户数量：2

进程已结束,退出代码0
```

图 4-25 访问图片网站的用户数量

项目实训

1. 实训目标

（1）熟练使用 MongoDB Shell 与 MongoDB 进行交互。

（2）熟练使用 MongoDB Java API 与 MongoDB 进行交互。

2. 实训内容

某地区的部分居民信息如表 4-6 所示。

表 4-6 某地区的部分居民信息

姓名	性别	身份证号	地址	家庭成员 1		家庭成员 2	
				姓名	关系	姓名	关系
张三	男	310101199001XXXXXX	花园路 1 号	李四	妻子	张小明	儿子
王五	男	310101198508XXXXXX	花园路 2 号	张小红	妻子	—	
赵一	女	310101199304XXXXXX	松树路 100 号	王小刚	丈夫	—	

根据上述信息，使用 MongoDB Shell 和 MongoDB Java API 完成如下操作。

（1）创建数据库 people 和集合 residents。

（2）向集合 residents 中插入文档，包括 name、gender、national_id、address 和 family_members 字段。其中，family_members 字段中嵌套了表示居民所有家庭成员信息的文档，文档中包括 name 和 relationship 字段。

（3）查询集合 residents 中的所有文档。

（4）向家庭成员包含妻子的所有文档中添加 marital_status 字段，字段值为已婚男性。

（5）删除 name 字段值为王五的第一个文档。

项目考核

1. 选择题

（1）在文档数据库中，文档通常不以（　　）格式进行存储。

　　A．XML 　　　　　　　　　B．JSON

　　C．BSON 　　　　　　　　 D．TXT

（2）文档数据库的特点不包括（　　）。

　　A．模式灵活 　　　　　　　B．查询语言简单

　　C．不支持嵌套的文档结构 　D．高性能

（3）MongoDB 的存储结构不包括（　　）。
　　A．数据库　　　　　　　　　B．表
　　C．集合　　　　　　　　　　D．文档
（4）MongoDB 采用（　　）格式存储数据。
　　A．XML　　　　　　　　　　B．JSON
　　C．BSON　　　　　　　　　D．TXT
（5）MongoDB 支持的数据类型不包括（　　）。
　　A．Array　　　　　　　　　B．List
　　C．Date　　　　　　　　　D．Null
（6）在 MongoDB 中，使用（　　）关键字可以创建数据库。
　　A．create　　　　　　　　B．use
　　C．update　　　　　　　　D．delete
（7）MongoDB 自身包含的数据库不包括（　　）。
　　A．user　　　　　　　　　B．config
　　C．admin　　　　　　　　D．local
（8）在 MongoDB 中，使用（　　）方法可以创建集合。
　　A．createCollection()　　　B．renameCollection()
　　C．drop()　　　　　　　　　D．updateOne()
（9）在 MongoDB 中，使用（　　）方法一次只能向集合中插入一个文档。
　　A．insertMany()　　　　　　B．deleteOne()
　　C．insertOne()　　　　　　D．deleteMany()
（10）在 MongoDB 中，使用（　　）方法可以对查询结果进行排序。
　　A．limit()　　　　　　　　B．pretty()
　　C．count()　　　　　　　　D．sort()
（11）在 MongoDB 中，可以使用（　　）管道操作符过滤数据，只输出符合条件的文档。
　　A．$group　　　　　　　　B．$match
　　C．$sort　　　　　　　　　D．$limit

2．判断题

（1）文档数据库支持嵌套的文档结构，允许在文档的字段中嵌套其他文档和数组。
（　　）
（2）文档是 MongoDB 中的数据存储单元，用于存储实际的数据。　　　（　　）
（3）在 MongoDB 中，当前数据库为 admin 时，也能使用 db.dropDatabase() 方法删除数据库 mongo_test。　　　　　　　　　　　　　　　　　　　　　　　（　　）

（4）在 MongoDB 中，使用 db.getCollectionInfos()方法可以查看当前数据库中所有集合的信息。（   ）

（5）在 MongoDB 中，查询文档时，使用$lte 操作符可以匹配包含所有指定元素的数组。（   ）

（6）在 MongoDB 中，可以使用 aggregate()方法实现聚合操作。（   ）

3．简答题

（1）简述 MongoDB 的存储结构。

（2）简述使用 MongoDB Java API 操作数据库、集合和文档的基本步骤。

项目评价

请学生结合本项目的学习情况，对学习成果进行自评和互评（组内成员相互评分），请指导教师进行师评和总评，并将评价结果填入表 4-7 中。

表 4-7　学习成果评价表

评价项目	评价内容	评价分数			
		分值	自评	互评	师评
任务完成度（20%）	任务准备阶段，回答问题清晰准确，紧扣主题，没有明显错误	5 分			
	任务实施阶段，根据操作步骤完成本任务	5 分			
	项目实训阶段，出色地完成实训内容	5 分			
	项目考核阶段，完成考核题目	5 分			
知识（35%）	文档数据库的特点和应用场景	5 分			
	MongoDB 的存储结构和数据类型	5 分			
	使用 MongoDB Shell 操作数据库、集合和文档的方法	15 分			
	使用 MongoDB Java API 操作数据库、集合和文档的方法	10 分			
技能（35%）	采用副本集模式部署 MongoDB	10 分			
	使用 MongoDB Shell 操作数据库、集合和文档，实现大数据的合理存储和管理	15 分			
	使用 MongoDB Java API 操作数据库、集合和文档，开发实用的大数据存储和管理项目	10 分			

表 4-7（续）

评价项目	评价内容	评价分数			
		分值	自评	互评	师评
素养 （10%）	具有自主学习意识，做好课前准备	5 分			
	互帮互助，具有团队精神	5 分			
合计		100 分			
总评	综合得分：_____	指导教师签字：_____			
	综合等级：_____				

注：综合得分可按照"自评（25%）+互评（25%）+师评（50%）"进行计算；综合等级可以"优"（综合得分≥90 分）、"良"（80 分≤综合得分＜90 分）、"中"（60 分≤综合得分＜80 分）、"差"（综合得分＜60 分）为标准进行评价。

项目五

图数据库 Neo4j

项目导读

图数据库是一种专门用于存储和管理图数据的数据库,其模式灵活且具有很强的数据描述能力。Neo4j 是一个经典的图数据库,使用它能够高效地处理复杂的关系网络和图数据。使用 Neo4j 的 Web 页面,开发者可以更加便捷地与 Neo4j 数据库进行交互,从而存储和管理图数据。

本项目将介绍图数据库和 Neo4j 的相关知识,采用单机模式部署 Neo4j,操作公司组织架构图数据。

项目目标

知识目标

- ✓ 了解图数据库的特点和应用场景。
- ✓ 了解 Neo4j 的存储结构和查询语言。
- ✓ 掌握 Neo4j 中创建、查询、更新、删除节点的基本操作。
- ✓ 掌握 Neo4j 中创建、查询、更新、删除关系的基本操作。

技能目标

- ✓ 能采用单机模式部署 Neo4j。
- ✓ 能使用 Neo4j 的 Web 页面操作图数据中的节点和关系,实现大规模图数据的合理存储和管理。

素养目标

- ✓ 培养举一反三的能力,学会融会贯通。
- ✓ 培养自我学习和持续学习能力,能够及时掌握新技术和工具。

项目五　图数据库 Neo4j

任务一　采用单机模式部署 Neo4j

任务描述

Neo4j 是一个开源的图数据库，它分为社区版和企业版。社区版提供了图数据库的基础功能，不支持集群部署，主要供个人开发者和小型项目使用；企业版除了包含社区版的所有功能，还提供了更强大的容灾和备份等功能，主要供企业或大型项目使用。本项目使用社区版 Neo4j，并采用单机模式部署 Neo4j。

采用单机模式部署 Neo4j 之前，我们先来学习一下图数据库的特点和应用场景，以及 Neo4j 的存储结构和查询语言。

任务准备

全班学生以 3~5 人为一组，各组选出组长。组长组织组员扫码观看"图概述"视频，讨论并回答下列问题。

问题 1：简述图的概念。

图概述

问题 2：简述常见的图的类型。

一、图数据库概述

图数据库并不是存储图片的数据库，而是使用图结构存储实体间关系的一种新型 NoSQL 数据库。

1. 图数据库的特点

图数据库的特点主要体现在以下几个方面。

（1）高灵活性。图数据库通过节点和关系存储数据，开发者可以根据实际需求灵活地定义节点和关系的属性。此外，图数据库支持多种数据模型和查询语言，进一步增强了它在实际应用中的灵活性。

155

（2）高性能。图数据库在处理关联查询时避免了关系型数据库中耗时的表连接操作，从而提高了查询数据的性能。此外，图数据库能够使用一些高效的算法（如广度优先搜索、最短路径算法等）处理图数据，进一步提高了处理数据的性能。

（3）高可扩展性。图数据库支持水平扩展，可以轻松应对数据量的大幅增长。

（4）使用方便。图数据库提供了丰富的接口和工具，包括图查询语言（如 Cypher、SPARQL 等）、API 接口、可视化工具等，以便开发者存储、管理和分析图数据。

（5）支持可视化。图数据库支持关系可视化，使得数据之间的关系更加清晰易懂。

总的来说，图数据库适用于处理和分析复杂的关系网络、数据推理、路径分析等场合。

2. 图数据库的应用场景

在实际应用中，图数据库已经广泛应用于社交媒体、推荐系统、网络安全、知识图谱和供应链管理等，如图 5-1 所示。

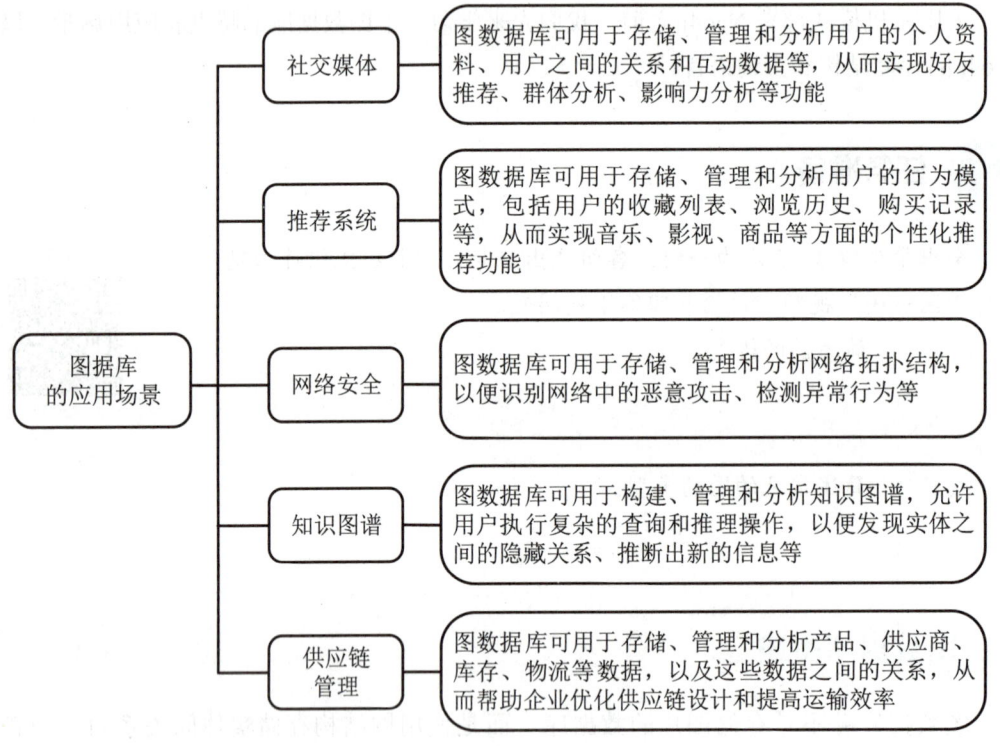

图 5-1 图数据库的应用场景

二、Neo4j 的存储结构

Neo4j 的存储结构主要包括节点、标签、关系和属性。

（1）节点（node）。节点又称顶点，用于表示图中的实体或对象。每个节点可以具有不同的属性和标签，如图 5-2 所示。

（2）标签（lable）。标签用于对节点进行分类，具有相似特征或属性的节点通常具有相同的标签。

（3）关系（relationship）。关系又称边，用于表示节点之间的联系，它也可以具有不同的属性，如权重、时间戳等。在 Neo4j 中，关系是有明确方向的，即从一个节点指向另一个节点，使用两个方向相反的有向关系可以表示无向关系，如图 5-3 所示。

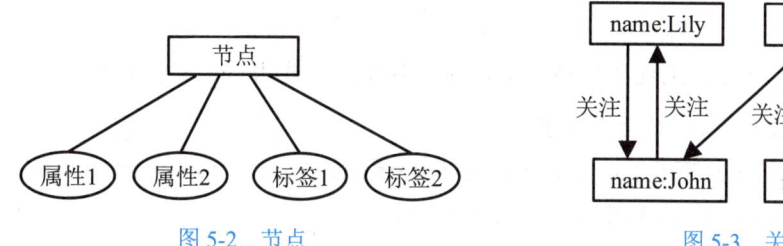

图 5-2　节点　　　　　　　　　　图 5-3　关系

（4）属性（property）。属性用于描述节点和关系的特征和信息。属性通常以键值对的形式表示，其中键是属性的名称，值是属性的值。在图 5-3 中，"name:Lily" 为属性，name 为属性的名称，Lily 为属性的值。

三、Neo4j 的查询语言

Neo4j 使用 Cypher 查询语言操作图数据。Cypher 是一种声明式的图查询语言，具有功能强大、使用简单等特点，其常用的功能如下。

（1）数据操作。Cypher 提供了 CREATE、MATCH、SET 和 DELETE 等关键字，使用这些关键字可以对节点和关系进行创建、查询、更新和删除操作。

（2）变量支持。Cypher 允许在语句中使用变量来命名、绑定节点和关系，以便在查询中引用节点和关系，从而提高查询的灵活性和可重用性。

（3）函数支持。Cypher 提供了多种内置函数，如字符串函数、数学函数、断言函数、标量函数、列表函数等，使用这些函数可以执行常见的数据处理任务，如字符串处理、数学计算、集合操作等。

在 Cypher 中，通常使用圆括号"()"表示节点；使用"-[]->"或"<-[]-"表示关系及其方向；使用"{}"表示节点或关系的属性，示例如下。

```
#节点
(s:student {name:"张三"})
#关系及其方向
-[s:study]->
```

任务实施

任务分析 首先在 Master 主机上安装社区版 Neo4j；然后修改 Neo4j 的配置文件，配置 Neo4j。

采用单机模式部署 Neo4j

1. 安装 Neo4j

步骤 1 启动 Master 主机的终端，执行如下命令，下载 Neo4j 安装文件。

[hadoop@Master ~]$ cd 下载

[hadoop@Master 下载]$ sudo wget https://neo4j.com/artifact.php?name=neo4j-community-3.5.28-unix.tar.gz

> **小提示**
>
> Neo4j 的 4.X 及以上版本与 JDK 11 及以上版本兼容。本教材使用的是 JDK 8，则只能安装 3.X 及以下版本的 Neo4j。

步骤 2 执行如下命令，将 Neo4j 安装文件解压到"/usr/local"目录中；然后将"neo4j-community-3.5.28"目录重命名为"neo4j"；最后将该目录的所有权限赋予 hadoop 用户。

[hadoop@Master 下载]$ sudo tar -zvxf artifact.php\?name\=neo4j-community-3.5.28-unix.tar.gz -C /usr/local

[hadoop@Master 下载]$ cd /usr/local

[hadoop@Master local]$ sudo mv neo4j-community-3.5.28 neo4j

[hadoop@Master local]$ sudo chown -R hadoop ./neo4j

步骤 3 执行如下命令，打开".bashrc"配置文件；然后在文件首行添加如下配置信息；最后保存并关闭配置文件。

[hadoop@Master local]$ sudo vim ~/.bashrc

#配置信息
export NEO4J_HOME=/usr/local/neo4j
export PATH=$PATH:$NEO4J_HOME/bin

步骤 4 执行如下命令，使配置信息生效。

[hadoop@Master local]$ source ~/.bashrc

2. 配置 Neo4j

步骤 1 执行如下命令，打开"neo4j.conf"配置文件。

```
[hadoop@Master ~]$ cd /usr/local/neo4j/conf
[hadoop@Master conf]$ gedit neo4j.conf
```

步骤 2 在"neo4j.conf"配置文件中找到如下参数并修改参数值或删除注释符（#）；然后保存并关闭配置文件。

```
#java 堆大小
dbms.memory.heap.initial_size=512m
dbms.memory.heap.max_size=512m
#映射存储文件的大小
dbms.memory.pagecache.size=10g
#网络配置，不限制访问数据库的主机 IP 地址
dbms.connectors.default_listen_address=0.0.0.0
#开启 Bolt、HTTP 和 HTTPS 访问端口
dbms.connector.bolt.enabled=true
dbms.connector.bolt.listen_address=:7687
bms.connector.http.enabled=true
dbms.connector.http.listen_address=:7474
dbms.connector.https.enabled=true
dbms.connector.https.listen_address=:7473
```

> **小提示**
>
> 按"Ctrl+F"组合键会出现搜索框，然后在搜索框中输入参数的名称即可找到对应的参数。

步骤 3 执行如下命令，启动 Neo4j。若出现"Started"提示信息，则证明 Neo4j 启动成功，如图 5-4 所示。

```
[hadoop@Master conf]$ neo4j console
```

```
Starting Neo4j.
WARNING: Max 1024 open files allowed, minimum of 40000 recommended. See the Neo4j manual.
2024-04-23 05:31:30.916+0000 WARN  The 'dbms.connector.bolt.enabled' setting is specified more than once. Settings only be spec
ified once, to avoid ambiguity. The setting value that will be used is 'true'.
2024-04-23 05:31:30.918+0000 WARN  The 'dbms.connector.https.enabled' setting is specified more than once. Settings only be spe
cified once, to avoid ambiguity. The setting value that will be used is 'true'.
2024-04-23 05:31:30.918+0000 WARN  Unknown config option: dbms.memory.transaction.max_size
2024-04-23 05:31:30.918+0000 WARN  Unknown config option: dbms.memory.transaction.global_max_size
2024-04-23 05:31:30.929+0000 INFO  ======== Neo4j 3.5.28 ========
2024-04-23 05:31:30.947+0000 INFO  Starting...
2024-04-23 05:31:34.511+0000 INFO  Bolt enabled on 0.0.0.0:7687.
2024-04-23 05:31:37.046+0000 INFO  Started.
2024-04-23 05:31:38.814+0000 INFO  Remote interface available at http://localhost:7474/
```

图 5-4 Neo4j 启动成功的界面

> **高手点拨**
>
> 后台启动 Neo4j 的命令如下。
> ```
> neo4j start
> ```
> 前台启动 Neo4j 的命令如下。
> ```
> neo4j console
> ```
> 查看 Neo4j 状态的命令如下。
> ```
> neo4j status
> ```
> 停止 Neo4j 的命令如下。
> ```
> neo4j stop
> ```
> 重启 Neo4j 的命令如下。
> ```
> neo4j restart
> ```

步骤 4 在 Master 主机上启动浏览器，访问"http://Master:7474/browser"，打开 Neo4j 的 Web 页面。第一次登录时，用户名默认为 neo4j，初始密码为 neo4j，输入用户名和密码后单击"Connect"按钮即可连接 Neo4j，如图 5-5 所示。

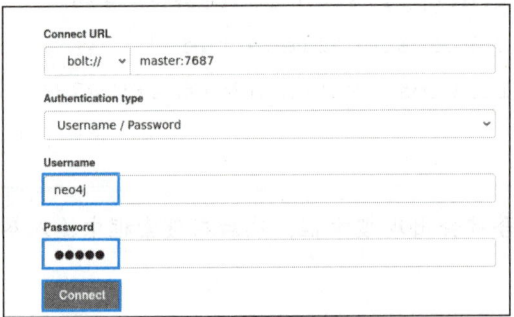

图 5-5　连接 Neo4j

步骤 5 分别在"New password"和"Repeat new password"编辑框中输入新密码（如"123456"）；然后单击"Change password"按钮，修改初始密码，如图 5-6 所示。

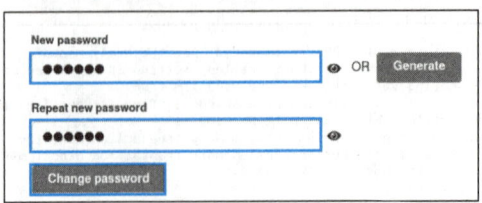

图 5-6　修改初始密码

步骤 6 修改初始密码后，重新登录 Neo4j 的 Web 页面即可执行具体的 Cypher 语句。Web 页面最上方为 Cypher 语句的输入框（见图 5-7），单击运行按钮后，结果将会显示在输入框的下方。

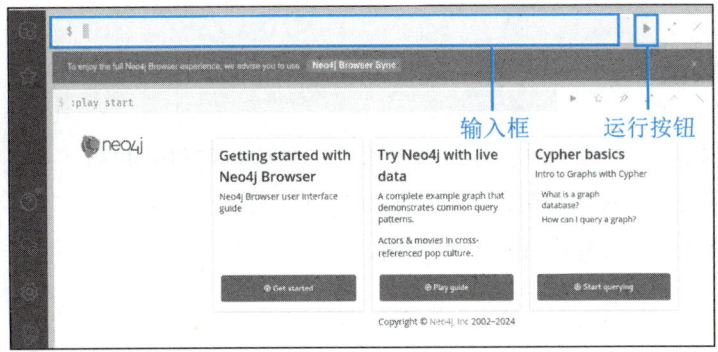

图 5-7　Neo4j 的 Web 页面

任务二　操作公司组织架构图数据

 任务描述

某公司的组织架构如图 5-8 所示。了解员工、部门和项目之间的关系，能够帮助公司实现更有效的资源分配、提升项目管理效率、优化组织架构等。在操作公司组织架构图数据之前，我们先来学习一下 Neo4j 中节点和关系的基本操作。

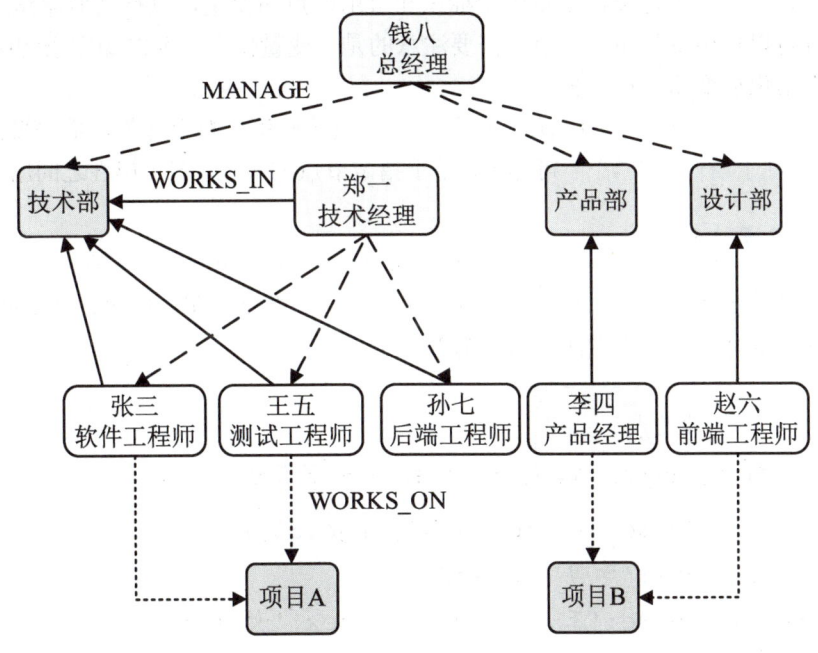

图 5-8　某公司的组织架构

任务准备

全班学生以 3~5 人为一组，各组选出组长。组长组织组员扫码观看"Neo4j 的交互方式"视频，讨论并回答下列问题。

问题 1：简述与 Neo4j 进行交互的方式。

Neo4j 的交互方式

问题 2：简述不同 Neo4j 交互方式的适用场景。

一、节点的基本操作

在 Neo4j 中，节点的基本操作包括创建节点、查询节点、更新节点和删除节点等。

1. 创建节点

使用 CREATE 关键字可以创建节点，其语法格式如下。

```
CREATE (节点变量1:标签1:标签2 … {属性1:属性值1, …}),
       (节点变量2:标签1:标签2 … {属性1:属性值1, …}) …;
```

上述语法格式的详细解释如下。

➤ 节点变量：可选项，指定用于标识和引用节点的变量，执行其他操作（如查询）时可以使用变量引用节点。需要注意的是，变量仅在当前的操作语句中有效，操作结束后变量自动消失。

➤ :标签1:标签2 …：可选项，用于指定节点的标签，每个标签前面需要加上":"。

➤ {属性1:属性值1,…}：可选项，用于指定节点的属性，多个属性之间用","隔开。

> **小提示**
>
> 节点创建完成后，系统会自动为该节点建立一个唯一的 id。因此，即使执行相同的创建节点语句，也会生成两个独立的节点。

【例 5-1】 创建节点。

步骤 1 打开 Neo4j 的 Web 页面，然后输入如下语句。

```
CREATE (p1:Person {name:'张三', age:30}),
(:Person {name:'李四', age:31}),
(p3:Person {name:'王一', age:18, sex:'女'});
```

步骤 2 单击运行按钮，创建节点，结果如图5-9所示。

```
1  CREATE (p1:Person {name:'张三', age:30}),
2  (:Person {name:'李四', age:31}),
3  (p3:Person {name:'王一', age:18, sex:'女'});
```
Added 3 labels, created 3 nodes, set 7 properties, completed after 297 ms.

图 5-9　创建节点

高手点拨

执行 Cypher 语句的注意事项如下。
① 在 Cypher 中，关键字不区分大小写，标签和属性区分大小写。
② 在 Neo4j 的 Web 页面中输入操作语句时，语句末尾可以不加分号。

2. 查询节点

使用 MATCH 关键字可以查询节点。

（1）查询所有节点，其语法格式如下。

MATCH(n)

RETURN n;

其中，n 为节点变量占位符，表示所有节点；RETURN 关键字用于指定返回的结果。

（2）查询指定节点，其语法格式如下。

MATCH (节点变量:标签1:标签2 … {属性1:属性值1, …})

[WHERE 筛选条件]

RETURN 返回项 [AS 别名]

[ORDER BY 排序属性 [ASC | DESC]]

[SKIP 跳过数量]

[LIMIT 返回数量];

上述语法格式的详细解释如下。

- WHERE 筛选条件：可选项，用于筛选符合条件的查询结果。其中，筛选条件中包含属性、运算符和值等。
- RETURN 返回项 [AS 别名]：用于指定返回的结果。其中，返回项可以是节点、节点的属性或其他相关信息；AS 关键字用于指定返回项的别名。
- ORDER BY 排序属性 [ASC | DESC]：可选项，用于对查询结果进行排序。其中，排序属性可以是节点的属性，也可以是包含节点属性的表达式。
- SKIP 跳过数量：可选项，用于跳过指定数量的节点。
- LIMIT 返回数量：可选项，用于指定返回的节点数量。

高手点拨

在Neo4j中，可以在查询语句中使用聚合函数对节点或关系进行统计和计算。常用的聚合函数如下。

① COUNT()：统计查询到的节点或关系的数量。
② AVG()：计算查询到的节点或关系属性值的平均值。
③ SUM()：计算查询到的节点或关系属性值的总和。
④ MIN()：返回查询到的节点或关系属性值的最小值。
⑤ MAX()：返回查询到的节点或关系属性值的最大值。
⑥ COLLECT()：将所有查询结果收集到一个列表中。

【例5-2】 查询节点。

步骤 1 输入并运行如下语句，查询所有节点。查询结果（返回项）显示在输入框的下方，用户可以选择页面左侧的选项，以图的形式（见图5-10）、表的形式（见图5-11）或文本的形式（见图5-12）查看返回项。

```
MATCH(n)
RETURN n;
```

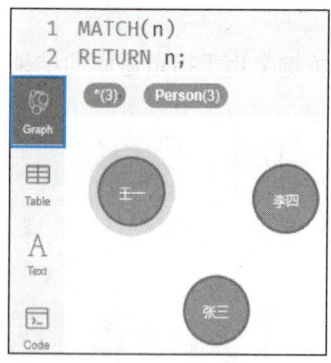

图5-10 图的形式　　图5-11 表的形式（部分）　　图5-12 文本的形式

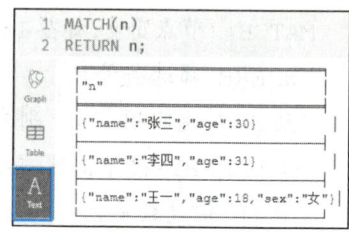

步骤 2 输入并运行如下语句，查询标签为Person的节点。

```
MATCH (p:Person)
RETURN p;
```

步骤 3 输入并运行如下语句，查询标签为Person且age属性值大于20的节点，并返回节点的name和age属性，结果如图5-13所示。

```
MATCH (p:Person)
WHERE p.age>20
RETURN p.name, p.age;
```

步骤 4 输入并运行如下语句，查询标签为 Person 的节点，并按照 age 属性对查询结果进行降序排序，结果如图 5-14 所示。

```
MATCH (p:Person)
RETURN p
ORDER BY p.age DESC;
```

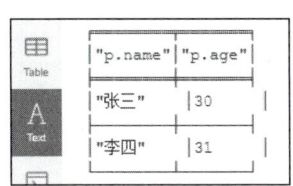

图 5-13 age 属性值大于 20 的节点

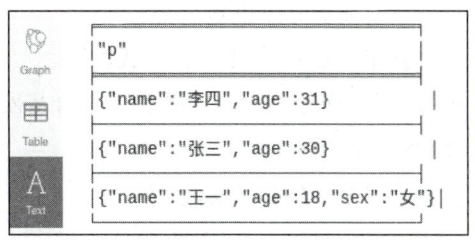

图 5-14 按照 age 属性降序排序

步骤 5 输入并运行如下语句，查询标签为 Person 的节点，并跳过一个节点，结果如图 5-15 所示。

```
MATCH (p:Person)
RETURN p
SKIP 1;
```

步骤 6 输入并运行如下语句，查询标签为 Person 的节点，并返回前两个节点，结果如图 5-16 所示。

```
MATCH (p:Person)
RETURN p
LIMIT 2;
```

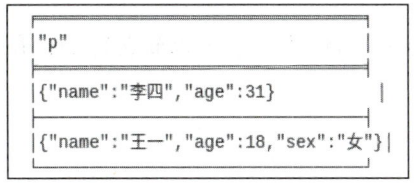

图 5-15 跳过一个节点

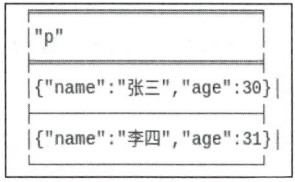

图 5-16 返回前两个节点

步骤 7 输入并运行如下语句，统计标签为 Person 的所有节点的数量和 age 属性的平均值，结果如图 5-17 所示。

```
MATCH (p:Person)
RETURN COUNT(p) AS totalPerson, AVG(p.age) AS avgAge;
```

	totalPerson	avgAge
1	3	26.3333333333333332

图 5-17　节点的数量和 age 属性的平均值

3．更新节点

使用 SET 关键字可以更新节点。

（1）更新节点属性，其语法格式如下。

```
MATCH (节点变量:标签 1:标签 2 … {属性 1:属性值 1, …})
[WHERE 筛选条件]
SET 节点变量.属性=新属性值
[RETURN 返回项 [AS 别名]];
```

当更新的属性不存在时，该属性会作为新的属性添加到节点中。

（2）添加节点标签，其语法格式如下。

```
MATCH (节点变量:标签 1:标签 2 … {属性 1:属性值 1, …})
[WHERE 筛选条件]
SET 节点变量:新标签
[RETURN 返回项 [AS 别名]];
```

【例 5-3】　更新节点。

步骤 ① 输入并运行如下语句，为 name 属性值为张三的节点添加一个值为男的 sex 属性，结果如图 5-18 所示。

```
MATCH (p:Person {name:'张三'})
SET p.sex='男'
RETURN p;
```

步骤 ② 输入并运行如下语句，删除 name 属性值为张三的节点的 sex 属性，结果如图 5-19 所示。

```
MATCH (p:Person {name:'张三'})
SET p.sex=null
RETURN p;
```

步骤 ③ 输入并运行如下语句，为 name 属性值为张三的节点添加一个新的标签 Teacher，结果如图 5-20 所示。

```
MATCH (p:Person {name:'张三'})
SET p:Teacher
RETURN p;
```

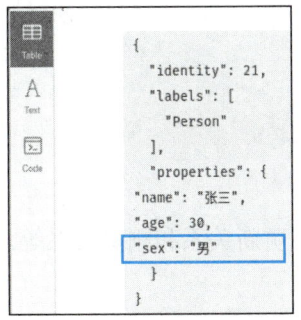 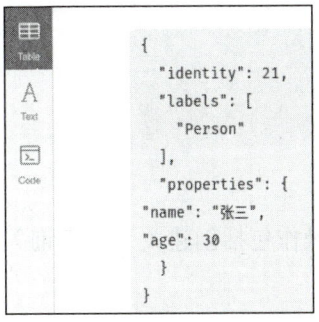 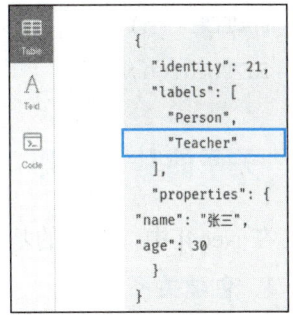

图 5-18　添加节点属性　　　图 5-19　删除节点属性　　　图 5-20　添加节点标签

4．删除节点

使用 DELETE 关键字可以删除节点。

（1）删除所有节点，其语法格式如下。

MATCH (n)

DELETE n;

（2）删除指定节点，其语法格式如下。

MATCH (节点变量:标签1:标签2 … {属性1:属性值1, …})

[WHERE 筛选条件]

DELETE 节点变量;

> **小提示**
>
> 删除节点时，如果该节点与其他节点存在关系，则无法删除该节点。此时，需要先删除该节点与其他节点的关系，再删除该节点。

【例 5-4】　删除节点。

步骤 1　输入并运行如下语句，删除标签为 Teacher 的所有节点。

MATCH (t:Teacher)

DELETE t;

步骤 2　输入并运行如下语句，删除 name 属性值为王一的所有节点。

MATCH (n {name:'王一'})

DELETE n;

步骤 3　输入并运行如下语句，删除标签为 Person 且 age 属性值为 31 的节点。

MATCH (p:Person {age:31})

DELETE p;

步骤 4　输入并运行如下语句，查询所有节点。若显示"no changes, no records"，则证明上述节点删除成功。

```
MATCH (n)
RETURN n;
```

二、关系的基本操作

在 Neo4j 中,关系的基本操作包括创建关系、查询关系、更新关系和删除关系等。

1. 创建关系

创建关系时,可以在创建节点的同时创建节点之间的关系;也可以先查询已有的节点,然后创建查询到的节点之间的关系。使用 CREATE 关键字可以创建关系,其语法格式如下。

```
CREATE (节点1)-[关系变量1:关系类型1 {属性1:属性值1, …}]->(节点2),
       (节点1)-[关系变量2:关系类型2 {属性1:属性值1, …}]->(节点3) …;
```

高手点拨

创建关系时,使用"[]"标记关系信息,不可以省略,并通过指定箭头的方向指定节点之间关系的方向。

(节点1)-[关系变量:关系类型]->(节点2):表示节点1指向节点2的关系。

(节点1)<-[关系变量:关系类型]-(节点2):表示节点2指向节点1的关系。

【例5-5】 根据教务安排图(见图5-21),创建节点和关系。

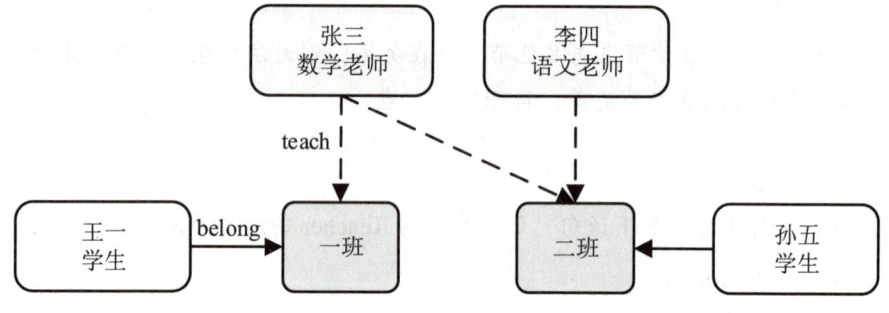

图 5-21 教务安排图

步骤 1 输入并运行如下语句,创建节点的同时创建张三指向一班和二班的 teach 关系,表示张三为一班和二班的数学老师。

```
CREATE (t1:teacher {name:'张三'}),
       (t2:teacher {name:'李四'}),
       (c1:class {name:'一班'}),
       (c2:class {name:'二班'}),
       (s1:student {name:'王一'}),
       (s2:student {name:'孙五'})
```

```
CREATE (t1)-[r_t1:teach {course:'数学'}]->(c1),
(t1)-[r_t2:teach {course:'数学'}]->(c2);
```

步骤 2 输入并运行如下语句，创建李四指向二班的 teach 关系，表示李四为二班的语文老师。

```
MATCH (t2:teacher {name:'李四'}), (c2:class {name:'二班'})
CREATE (t2)-[r_t3:teach {course:'语文'}]->(c2);
```

步骤 3 输入并运行如下语句，创建王一指向一班和孙五指向二班的 belong 关系，表示王一和孙五分别属于一班和二班。

```
MATCH (s1:student {name:'王一'}),(s2:student {name:'孙五'}),
(c1:class {name:'一班'}), (c2:class {name:'二班'})
CREATE (s1)-[b1:belong {major:'计算机技术'}]->(c1),
(s2)-[b2:belong {major:'计算机技术'}]->(c2);
```

2. 查询关系

关系存在于两个节点之间，因此创建关系后使用 MATCH 关键字不仅可以查询关系，还可以查询与关系相关的节点，其语法格式如下。

```
MATCH (节点1)-[关系变量1:关系类型1{属性1:属性值1,…}]->(节点2),…
[WHERE 筛选条件]
RETURN 返回项 [AS 别名];
```

上述语法格式的详细解释如下。

- **[关系变量1:关系类型1{属性1:属性值1,…}]**：可选项，用于指定关系的变量、类型和属性。该部分内容可以全部省略，也可以只省略部分内容。
- **返回项**：用于指定返回的关系或相关节点。

> **高手点拨**
>
> ① 与创建关系不同，查询关系时可以指定关系的方向，也可以不指定关系的方向。
>
> (节点1)-[关系变量:关系类型]->()：表示节点1指向其他节点的关系。
>
> (节点1)<-[关系变量:关系类型]-()：表示其他节点指向节点1的关系。
>
> (节点1)-[关系变量:关系类型]-()：表示与节点1相关的其他节点，即包含节点1指向其他节点的关系和其他节点指向节点1的关系。
>
> ② 除了查询节点与节点之间的单层关系，还可以使用如下语句查询多个节点之间的多层关系。
>
> ```
> MATCH (节点1)-[关系变量:关系类型]->(节点2)-[关系变量:关系类型]->(节点3)
> RETURN 返回项 [AS 别名];
> ```

【例 5-6】 查询节点和关系。

步骤 1 输入并运行如下语句,查询与二班相关的所有节点和关系,结果如图 5-22 所示。

```
MATCH (c2:class {name:'二班'})-[r]-(b)
RETURN c2, b, r;
```

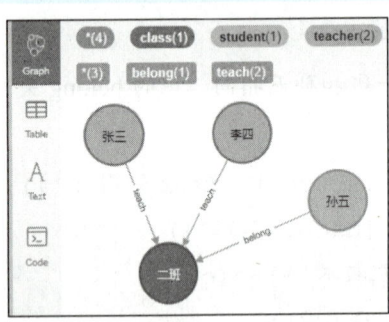
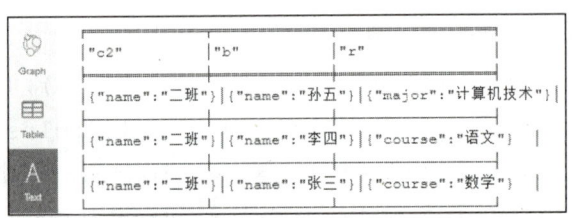

图 5-22 与二班相关的所有节点和关系

步骤 2 输入并运行如下语句,查询与张三之间存在 teach 关系的其他节点,其中关系方向为张三指向其他节点,结果如图 5-23 所示。

```
MATCH (t1:teacher {name:'张三'})-[:teach]->(n)
RETURN n AS related_node;
```

步骤 3 输入并运行如下语句,查询王一所在班级的老师,结果如图 5-24 所示。

```
MATCH (s1:student {name:'王一'})-[b1:belong]->(c1:class)<-[r_t1:teach]-(t1:teacher)
RETURN s1.name AS student, t1.name AS teacher;
```

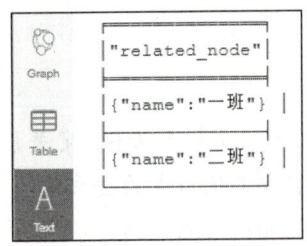
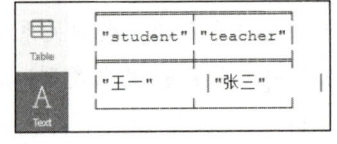

图 5-23 与张三之间存在 teach 关系的其他节点　　图 5-24 王一所在班级的老师

3. 更新关系

使用 SET 关键字可以更新关系属性,其语法格式如下。

```
MATCH (节点1)-[关系变量:关系类型 {属性1:属性值1, …}]->(节点2)
[WHERE 筛选条件]
SET 关系变量.属性=新属性值
[RETURN 返回项 [AS 别名]];
```

【例5-7】 更新关系。

步骤① 输入并运行如下语句，为孙五指向二班的belong关系添加值为2024级的year属性，结果如图5-25所示。

```
MATCH (s2:student {name:'孙五'})-[b1:belong]->(c2:class {name:'二班'})
SET b1.year='2024级'
RETURN b1;
```

步骤② 输入并运行如下语句，删除孙五指向二班的belong关系的major属性，结果如图5-26所示。

```
MATCH (s2:student {name:'孙五'})-[b1:belong]->(c2:class {name:'二班'})
SET b1.major=null
RETURN b1;
```

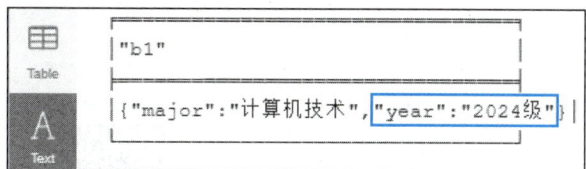

图5-25 添加值为2024级的year属性

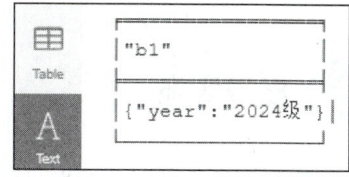

图5-26 删除major属性

步骤③ 输入并运行如下语句，为关系类型为teach的所有关系添加值为讲师的position属性。

```
MATCH ()-[t:teach]->()
SET t.position='讲师'
RETURN t;
```

4．删除关系

使用DELETE关键字可以删除关系。

（1）删除所有关系，其语法格式如下。

```
MATCH ()-[r]->()
DELETE r;
```

（2）删除指定关系，其语法格式如下。

```
MATCH (节点1)-[关系变量:关系类型 {属性1:属性值1, …}]->(节点2)
[WHERE 筛选条件]
DELETE 关系变量;
```

🖐 高手点拨

删除数据库中所有节点和关系的语法格式如下。

```
MATCH (n)
DETACH DELETE n;
```

【例 5-8】 删除关系。

步骤 ① 输入并运行如下语句，删除王一指向一班的 belong 关系。

```
MATCH (s1:student {name:'王一'})-[b1:belong]->(c1:class {name:'一班'})
DELETE b1;
```

步骤 ② 输入并运行如下语句，删除张三和其他节点的所有关系。

```
MATCH (t1:teacher {name:'张三'})-[r]-()
DELETE r;
```

任务实施

任务分析 根据图 5-8 创建 7 个员工节点、3 个部门节点和两个项目节点，以及员工、部门、项目之间的关系；然后根据需要查询、更新、删除节点和关系。

操作公司组织架构图数据

1. 创建节点和关系

步骤 ① 打开 Neo4j 的 Web 页面。

步骤 ② 输入并运行如下语句，创建员工节点。

```
CREATE (:Employee:Manager {name:'钱八', position:'总经理'}),
(:Employee:Manager {name:'李四', position:'产品经理'}),
(:Employee:Manager {name:'郑一', position:'技术经理'}),
(:Employee {name:'张三', position:'软件工程师'}),
(:Employee {name:'王五', position:'测试工程师'}),
(:Employee {name:'孙七', position:'后端工程师'}),
(:Employee {name:'赵六', position:'前端工程师'});
```

步骤 ③ 输入并运行如下语句，创建部门节点。

```
CREATE (d1:Department {name:'技术部'}),
(d2:Department {name:'产品部'}),
(d3:Department {name:'设计部'});
```

步骤 4 输入并运行如下语句,创建项目节点。

```
CREATE (p1:Project {name:'项目A'}),
(p2:Project {name:'项目B'});
```

步骤 5 输入并运行如下语句,创建总经理与部门之间的关系。

```
MATCH (m1:Manager:Employee {name:'钱八', position:'总经理'}),
(d1:Department {name:'技术部'}),
(d2:Department {name:'产品部'}),
(d3:Department {name:'设计部'})
CREATE (m1)-[:MANAGE]->(d1),
       (m1)-[:MANAGE]->(d2),
       (m1)-[:MANAGE]->(d3);
```

步骤 6 输入并运行如下语句,创建员工与部门之间的关系。

```
MATCH (m2:Manager {name:'郑一'}), (e1:Employee {name:'张三'}),
(e2:Employee {name:'王五'}), (e3:Employee {name:'孙七'}),
(m3:Manager {name:'李四'}), (e4:Employee {name:'赵六'}),
(d1:Department {name:'技术部'}),(d2:Department {name:'产品部'}),
(d3:Department {name:'设计部'})
CREATE (m2)-[:WORKS_IN]->(d1),
       (e1)-[:WORKS_IN]->(d1),
       (e2)-[:WORKS_IN]->(d1),
       (e3)-[:WORKS_IN]->(d1),
       (m3)-[:WORKS_IN]->(d2),
       (e4)-[:WORKS_IN]->(d3);
```

步骤 7 输入并运行如下语句,创建员工与项目之间的关系。

```
MATCH (e1:Employee {name:'张三'}),(e2:Employee {name:'王五'}),
(m3:Manager {name:'李四'}), (e4:Employee {name:'赵六'}),
(p1:Project {name:'项目A'}), (p2:Project {name:'项目B'})
CREATE (e1)-[:WORKS_ON]->(p1),
       (e2)-[:WORKS_ON]->(p1),
       (m3)-[:WORKS_ON]->(p2),
       (e4)-[:WORKS_ON]->(p2);
```

步骤 8 输入并运行如下语句,创建员工与经理之间的关系。

```
MATCH (m2:Manager {name:'郑一'}), (e1:Employee {name:'张三'}),
```

```
       (e2:Employee {name:'王五'}), (e3:Employee {name:'孙七'})
CREATE (m2)-[:MANAGE]->(e1),
       (m2)-[:MANAGE]->(e2),
       (m2)-[:MANAGE]->(e3);
```

步骤 9 单击"Database"按钮，接着单击"Employee"节点标签，显示所有创建的节点，然后依次双击所有节点，显示节点之间的关系，如图5-27所示。

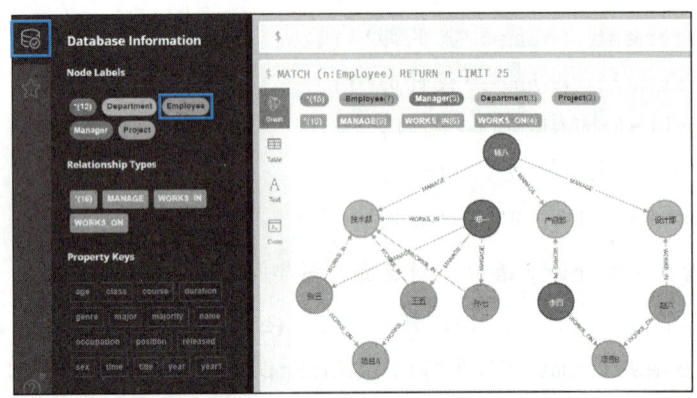

图 5-27 创建的节点和节点之间的关系

2. 查询节点和关系

步骤 1 输入并运行如下语句，查询所有姓王的员工及其职位，结果如图5-28所示。

```
MATCH (e:Employee)
WHERE e.name STARTS WITH '王'
RETURN e.name, e.position;
```

步骤 2 输入并运行如下语句，查询技术部的所有员工及其职位，结果如图5-29所示。

```
MATCH (e:Employee)-[:WORKS_IN]->(d:Department {name:'技术部'})
RETURN e.name, e.position;
```

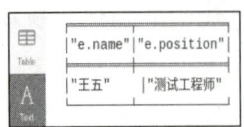

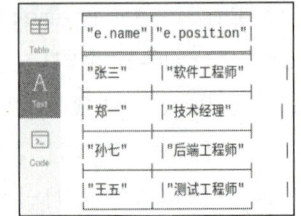

图 5-28 所有姓王的员工及其职位　　　　图 5-29 技术部的所有员工及其职位

步骤 3 输入并运行如下语句，查询张三所在的部门，结果如图5-30所示。

```
MATCH (e:Employee {name:'张三'})-[:WORKS_IN]->(d:Department)
RETURN e, d;
```

步骤 4 输入并运行如下语句,查询部门为技术部且工作在项目 A 的员工,结果如图 5-31 所示。

```
MATCH (e:Employee)-[:WORKS_IN]->(d:Department),
      (e)-[:WORKS_ON]->(p:Project)
WHERE d.name='技术部' AND p.name='项目 A'
RETURN e;
```

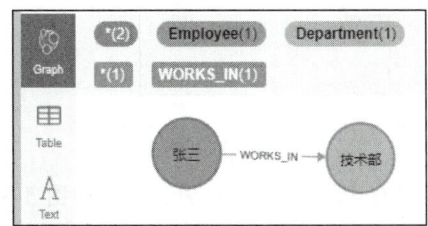

图 5-30 张三所在的部门

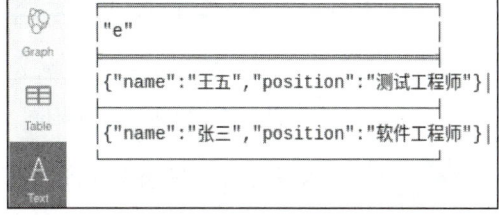

图 5-31 部门为技术部且工作在项目 A 的员工

步骤 5 输入并运行如下语句,查询管理孙七所在部门的经理,结果如图 5-32 所示。

```
MATCH (e:Employee {name:'孙七'})-[:WORKS_IN]->(d:Department)<-[:MANAGE]-(m:Manager)
RETURN e.name AS Employee, d.name AS Department, m.name AS Manager;
```

Employee	Department	Manager
"孙七"	"技术部"	"钱八"

图 5-32 管理孙七所在部门的经理

3. 更新节点和关系

步骤 1 输入并运行如下语句,将张三的职位从软件工程师提升为高级软件工程师,结果如图 5-33 所示。

```
MATCH (e:Employee {name:'张三'})
SET e.position='高级软件工程师'
RETURN e;
```

步骤 2 输入并运行如下语句,将项目 B 的名称更新为重要项目 B,结果如图 5-34 所示。

```
MATCH (p:Project {name:'项目 B'})
SET p.name='重要项目 B'
RETURN p.name;
```

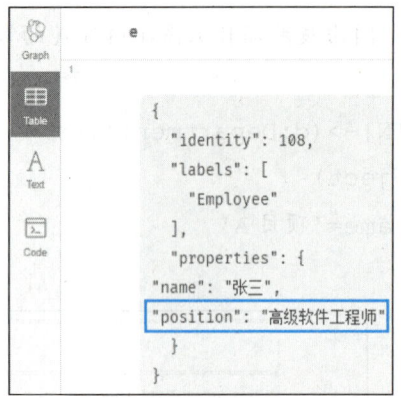

图 5-33　更新张三的职位

图 5-34　更新项目 B 的名称

步骤 3 输入并运行如下语句,将王五在项目 A 的任期设置为一个月,结果如图 5-35 所示。

```
MATCH (e:Employee {name:'王五'})-[w:WORKS_ON]->(p:Project {name:'项目A'})
SET w.time='一个月'
RETURN e, p, w;
```

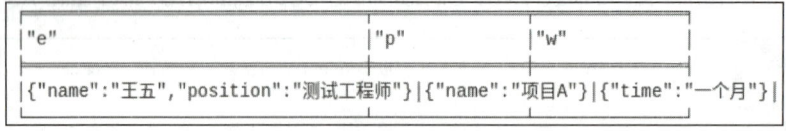

图 5-35　添加的关系属性

4. 删除节点和关系

步骤 1 输入并运行如下语句,将孙七从员工中移除。

```
MATCH (e:Employee {name:'孙七'})-[r]-()
DELETE r,e;
```

步骤 2 输入并运行如下语句,删除总经理和设计部之间的关系。

```
MATCH (m:Manager)-[r:MANAGE]->(d:Department {name:'设计部'})
DELETE r;
```

步骤 3 输入并运行如下语句,查询所有员工、部门和项目节点,结果如图 5-36 所示。

```
MATCH (e:Employee), (d:Department), (p:Project)
RETURN e AS Employee, d AS Department, p AS Project;
```

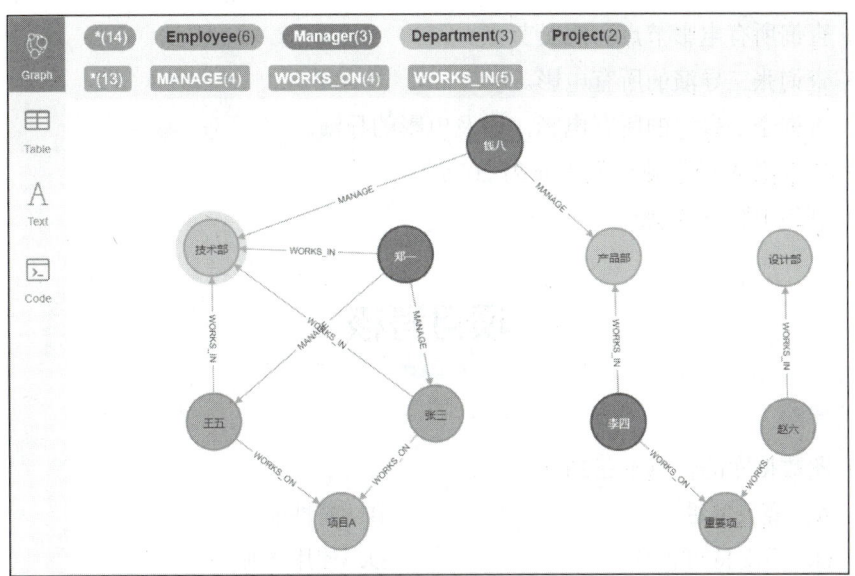

图 5-36 所有员工、部门和项目节点

项目实训

1. 实训目标

（1）熟练操作图数据中的节点。

（2）熟练操作图数据中的关系。

2. 实训内容

影视数据的信息如表 5-1 所示。

表 5-1 影视数据的信息

电影名称	上映年份	电影类型	导 演	演 员
电影 A	2023	动作	张三	王五、赵六
电影 B	2024	动作、悬疑	张三、李四	李一、钱七

操作影视数据的节点和关系。

（1）创建两个电影节点，标签为 Movie，属性包括 title（电影名称）、released（上映年份）和 genre（电影类型）。

（2）创建两个导演节点和 4 个演员节点，标签为 Person，属性包括 name（姓名）和 occupation（职业）。

（3）创建导演与电影之间的关系，关系类型为 DIRECTED。

（4）创建演员与电影之间的关系，关系类型为 ACTED_IN。

（5）查询所有电影节点和演员节点。

（6）查询张三导演的所有电影。

（7）查询李一参演的所有电影，以及电影的导演。

（8）将电影 A 的上映年份更新为 2024。

（9）删除电影 A 节点。

项目考核

1. 选择题

（1）图数据库的特点不包括（　　）。

  A．高灵活性　　　　　　　　　B．高性能

  C．不支持可视化　　　　　　　D．使用方便

（2）在图数据库中，节点表示（　　）。

  A．数据的属性　　　　　　　　B．数据的标签

  C．数据的联系　　　　　　　　D．实体或对象

（3）Neo4j 属于（　　）数据库。

  A．关系型　　　　　　　　　　B．图

  C．文档　　　　　　　　　　　D．键值

（4）Neo4j 通常使用（　　）查询语言操作图数据。

  A．SQL　　　　　　　　　　　B．Cypher

  C．T-SQL　　　　　　　　　　D．DCL

（5）在 Neo4j 中，使用（　　）关键字可以创建节点和关系。

  A．CREATE　　　　　　　　　B．SET

  C．MATCH　　　　　　　　　D．DELETE

（6）在 Neo4j 中，使用（　　）表示关系及其方向。

  A．()　　　　　　　　　　　　B．-[]->

  C．-[]　　　　　　　　　　　　D．{}

（7）在 Neo4j 中，使用（　　）关键字可以查询节点和关系。

  A．CREATE　　　　　　　　　B．SET

  C．MATCH　　　　　　　　　D．DELETE

（8）在 Neo4j 中，使用（　　）关键字可以更新节点和关系。

  A．CREATE　　　　　　　　　B．SET

  C．MATCH　　　　　　　　　D．DELETE

2．判断题

（1）图数据库并不是存储图片的数据库，而是使用图结构存储实体间关系的一种新型 NoSQL 数据库。（　　）

（2）图数据库不适合处理复杂关系数据，更适合处理简单的关系型数据。（　　）

（3）标签用于对节点进行分类，具有相似特征或属性的节点通常具有相同的标签。（　　）

（4）Cypher 查询语言中的关键字区分大小写。（　　）

（5）在 Neo4j 中，创建节点时必须指明标签和属性。（　　）

（6）在 Neo4j 中，查询关系时可以指明关系类型和相关节点，用于精确查找特定的关系。（　　）

（7）在 Neo4j 中，即使需要删除的节点与其他节点存在关系，也可以直接删除该节点。（　　）

3．简答题

（1）简述图数据库的特点和应用场景。

（2）简述 Neo4j 的存储结构。

项目评价

请学生结合本项目的学习情况，对学习成果进行自评和互评（组内成员相互评分），请指导教师进行师评和总评，并将评价结果填入表 5-2 中。

表 5-2　学习成果评价表

评价项目	评价内容	评价分数			
		分值	自评	互评	师评
任务完成度（20%）	任务准备阶段，回答问题清晰准确，紧扣主题，没有明显错误	5 分			
	任务实施阶段，根据操作步骤完成本任务	5 分			
	项目实训阶段，出色地完成实训内容	5 分			
	项目考核阶段，完成考核题目	5 分			
知识（40%）	图数据库的特点和应用场景	5 分			
	Neo4j 的存储结构和查询语言	5 分			
	Neo4j 中创建、查询、更新、删除节点的基本操作	15 分			
	Neo4j 中创建、查询、更新、删除关系的基本操作	15 分			

表 5-2（续）

评价项目	评价内容	评价分数			
		分值	自评	互评	师评
技能 （30%）	采用单机模式部署 Neo4j	10 分			
	使用 Neo4j 的 Web 页面操作图数据中的节点和关系，实现大规模图数据的合理存储和管理	20 分			
素养 （10%）	具有自主学习意识，做好课前准备	5 分			
	互帮互助，具有团队精神	5 分			
合计		100 分			
总评	综合得分：_____ 综合等级：_____	指导教师签字：_____			

注：综合得分可按照"自评（25%）+互评（25%）+师评（50%）"进行计算；综合等级可以"优"（综合得分≥90 分）、"良"（80 分≤综合得分＜90 分）、"中"（60 分≤综合得分＜80 分）、"差"（综合得分＜60 分）为标准进行评价。

项目六

键值数据库 Redis

项目导读

键值数据库是一种以键值对形式存储数据的简单数据库,在快速处理数据和实时应用开发中发挥着重要作用。Redis 是一个经典的键值数据库,它不仅可以存储不同类型的键值数据,还提供了丰富的数据操作命令和持久化机制,适用于缓存系统、消息队列和实时分析等场景。

本项目将介绍键值数据库和 Redis 的相关知识,采用单机模式部署 Redis,操作社交媒体数据。

项目目标

知识目标

- 了解键值数据库的特点和应用场景。
- 掌握 Redis 的存储结构和数据类型。
- 掌握 Redis 中键、字符串、哈希表、列表、集合和有序集合的基本操作。
- 掌握 Redis 持久化的方法。

技能目标

- 能采用单机模式部署 Redis。
- 能使用 Redis 操作不同类型的数据,灵活存储和管理大规模数据。
- 能实现 Redis 持久化,长期存储业务中的数据。

素养目标

- 培养自主学习意识,提升实践操作能力。
- 掌握创新方法,培养独立思考和解决问题的能力。

任务一　采用单机模式部署 Redis

任务描述

Redis 支持 4 种部署模式，分别为单机模式、主从复制模式、哨兵模式和集群模式。为了方便演示 Redis 的使用方法，我们采用单机模式部署 Redis。在这种模式下，Redis 运行在单个节点上，不用进行数据分片或复制。

采用单机模式部署 Redis 之前，我们先来学习一下键值数据库的特点和应用场景，以及 Redis 的存储结构和数据类型。

任务准备

全班学生以 3～5 人为一组，各组选出组长。组长组织组员扫码观看"键值对概述"视频，讨论并回答下列问题。

问题 1：简述键值对的概念。

键值对概述

问题 2：简述键值对的应用场景。

一、键值数据库概述

键值数据库是一种轻量级的 NoSQL 数据库，其设计和运行主要依赖于计算机的内存，读写数据的速度非常快，常用于快速处理大规模数据。

1. 键值数据库的特点

键值数据库的特点主要体现在以下几个方面。

（1）数据存储结构简单。键值数据库中数据的存储结构主要包括键和值，不需要设计复杂的数据模型，使得数据存储和检索变得非常直接和高效。

（2）高性能。键值数据库主要基于内存存储数据，而且不需要复杂的查询操作或连接操作，因此大幅缩短了访问数据的时间。

（3）高可扩展性。键值数据库易于扩展，可以轻松应对数据量的大幅增长。

（4）高灵活性。键值数据库不依赖于固定的数据模型，允许存储不同的数据，包括文本、图片、视频等。

总的来说，键值数据库适用于需要高效读写数据、灵活存储数据等场合。

2. 键值数据库的应用场景

在实际应用中，键值数据库已经广泛应用于缓存系统、分布式锁、计数器和统计、内容存储和检索、电子商务和社交媒体等，如图6-1所示。

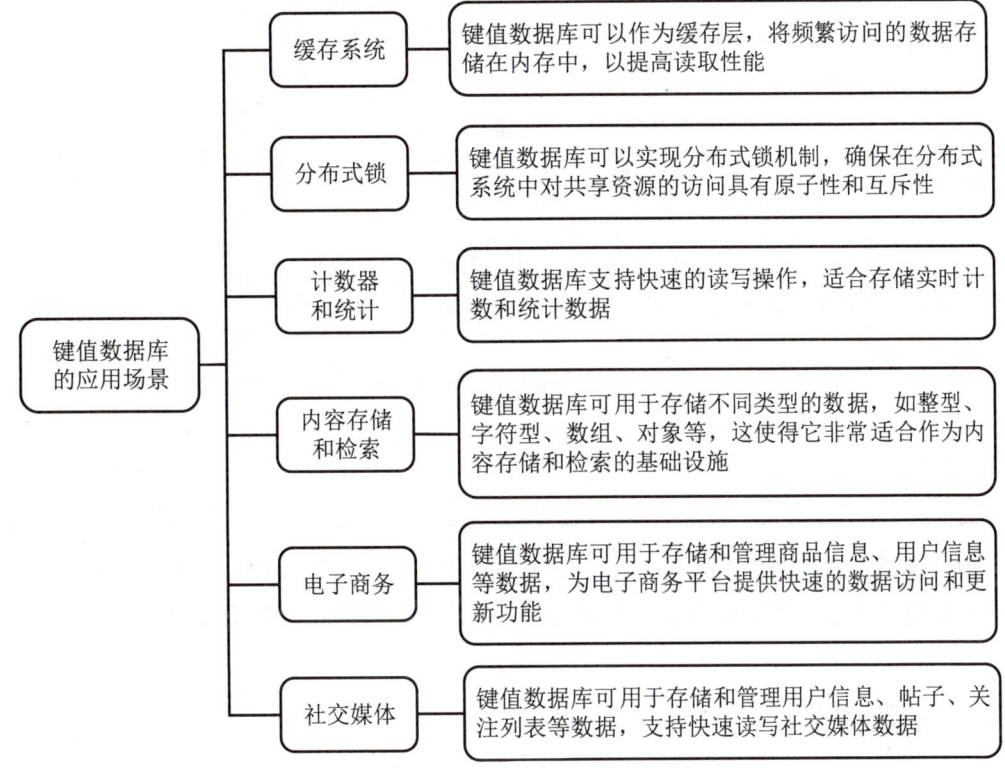

图6-1 键值数据库的应用场景

二、Redis 的存储结构

Redis 是一个开源的、使用 C 语言编写的键值数据库，它的存储结构主要包括键和值。

（1）键（key）。键是一个唯一的标识符，用于定位和访问与之关联的值。用户可以根据需要在键的左侧加上前缀（prefix），用于组织和管理键，如"prefix:key"。

（2）值（value）。值是与键相关联的数据或信息，它可以是字符串、哈希、列表、集合和有序集合等类型的数据。针对不同类型的数据，Redis 提供了不同的操作命令。

三、Redis 的数据类型

Redis 支持多种数据类型，包括字符串、哈希、列表、集合和有序集合等，它们的详细介绍如表 6-1 所示。

表 6-1　Redis 的数据类型

数据类型	描述	示例
String（字符串）	字符串是最基本的数据类型，可以存储数字、文本、图片或序列化的对象等数据。需要注意的是，字符串的最大容量为 512 MB	key value
Hash（哈希）	哈希是多个键值对的集合，用于存储对象。其中，每个对象都是由字段（field）和值组成。哈希的底层是使用哈希表实现的，因此也常被称为哈希表	key field1 value1 field2 value2
List（列表）	列表可以有序地存储多个字符串。列表的底层是使用双向链表实现的，因此允许在链表两端快速地添加或删除元素	key value1 value2
Set（集合）	集合可以无序地存储多个不重复的字符串元素	key member1 member2
Sorted Set（有序集合）	有序集合类似于集合，不同的是，有序集合的每个元素都有一个分数（score），并根据分数对元素进行排序	key score1 member1 score2 member2

键只能是字符串类型，值可以是字符串、哈希、列表、集合和有序集合等多种类型。用户可以根据业务需求选择合适的数据类型，从而提高数据存储和访问的效率。

任务实施

任务分析　首先安装 C 语言编译器 gcc；然后安装 Redis；最后启动 Redis 服务器和 CLI，验证 Redis 是否部署成功。

步骤 1　启动 Master 主机的终端，执行如下命令，安装 C 语言编译器 gcc。

```
[hadoop@Master ~]$ sudo yum install gcc-c++
```

采用单机模式
部署 Redis

高手点拨

Redis 是使用 C 语言编写的，它的运行需要 C 环境，所以在部署 Redis 前需要先安装 C 语言编译器 gcc。

步骤 2 执行如下命令，下载 Redis 安装文件。

[hadoop@Master ~]$ cd 下载

[hadoop@Master 下载]$ wget http://download.redis.io/releases/redis-7.0.9.tar.gz

步骤 3 执行如下命令，将 Redis 安装文件解压到"/usr/local"目录中；然后将"redis-7.0.9"目录重命名为"redis"；最后将该目录的所有权限赋予 hadoop 用户。

[hadoop@Master 下载]$ sudo tar -zxf redis-7.0.9.tar.gz -C /usr/local

[hadoop@Master 下载]$ cd /usr/local

[hadoop@Master local]$ sudo mv redis-7.0.9 redis

[hadoop@Master local]$ sudo chown -R hadoop ./redis

步骤 4 执行如下命令，编译文件，生成可执行文件 redis-server、redis-cli 等。

[hadoop@Master local]$ cd redis

[hadoop@Master redis]$ make   #编译过程中，根据提示信息输入"y"

步骤 5 执行如下命令，打开".bashrc"配置文件；然后在文件首行添加如下配置信息；最后保存并关闭配置文件。

[hadoop@Master redis]$ sudo vim ~/.bashrc

#配置信息

export PATH=$PATH:/usr/local/redis/src

步骤 6 执行如下命令，使配置信息生效。

[hadoop@Master redis]$ source ~/.bashrc

步骤 7 执行如下命令，启动 Redis 服务器。若出现 Redis 的版本信息，则证明 Redis 服务器启动成功，如图 6-2 所示。

[hadoop@Master redis]$ redis-server

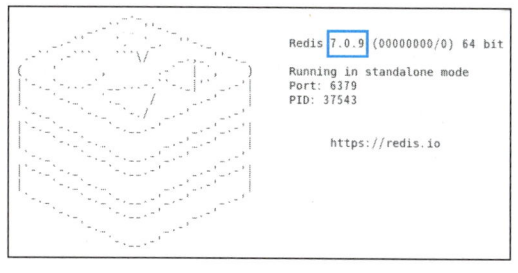

图 6-2 Redis 服务器启动成功的界面

步骤 8 在 Master 主机上启动一个新的终端，执行如下命令，启动 Redis CLI。若出现"127.0.0.1:6379>"提示符，则证明 Redis CLI 启动成功。

```
[hadoop@Master ~]$ redis-cli --raw
```

步骤 9 执行如下语句,退出 Redis CLI。

```
127.0.0.1:6379> exit
```

任务二 操作社交媒体数据

任务描述

某社交媒体平台的部分数据如表 6-2 所示。

表 6-2 社交媒体平台的部分数据

用户名	邮箱	帖子标题	帖子内容
Alice	alice@example.com	Redis 入门教程	这是一篇关于 Redis 的入门教程……
		Redis 进阶教程	这是一篇关于 Redis 的进阶教程……
Bob	bob@example.com	Redis 高级特性	这篇文章介绍了 Redis 的一些高级特性……

社交媒体数据能够反映用户的兴趣偏好、消费行为和购买能力等多维度信息。存储和分析社交媒体数据能够为企业的产品开发定位、市场推广和客户关系管理提供科学的数据支持和战略指导。

在操作社交媒体数据之前,我们先来学习一下 Redis 中键、字符串、哈希表、列表、集合和有序集合的基本操作,以及 Redis 持久化。

任务准备

全班学生以 3~5 人为一组,各组选出组长。组长组织组员扫码观看"持久化概述"视频,讨论并回答下列问题。

问题 1:简述持久化的概念。

持久化概述

问题 2:简述持久化的作用。

一、键的基本操作

在 Redis 中，使用 EXISTS、TYPE、KEYS 等键命令可以实现键的基本操作。常用的键命令如表 6-3 所示。

表 6-3 常用的键命令

命　　令	描　　述
EXISTS key1 key2 …	检查指定的一个或多个键是否存在。结果返回 0，表示键不存在；结果返回 1，表示键存在
TYPE key	获取指定键所储存的值的数据类型
KEYS pattern	获取所有匹配的键。其中，参数 pattern 为匹配条件，当 pattern 为*时获取所有键
DBSIZE	获取键的数量
RENAME key newkey	修改指定键的名称。其中，参数 newkey 表示修改后键的名称
DEL key1 key2 …	删除指定的一个或多个键
EXPIRE key seconds	设置指定键的过期时间，单位为秒
TTL key	获取指定键的剩余生存时间，单位为秒

> **高手点拨**
>
> 如果键有前缀，则使用命令时需要加上键的前缀，如"EXISTS class1:student"。

【例 6-1】 操作键。

步骤 1 执行如下语句，使用 SET 命令设置 3 个学生信息键值对。其中，student 为键的前缀；1、2、3 为键；Alice、Bob 和 Charlie 分别为键的值。

```
127.0.0.1:6379> SET student:1 Alice
127.0.0.1:6379> SET student:2 Bob
127.0.0.1:6379> SET student:3 Charlie
```

步骤 2 执行如下语句，检查键 student:1 是否存在。结果返回 1（见图 6-3），表示键 student:1 存在。

```
127.0.0.1:6379> EXISTS student:1
```

步骤 3 执行如下语句，获取键 student:1 的值的数据类型，结果如图 6-4 所示。

```
127.0.0.1:6379> TYPE student:1
```

```
127.0.0.1:6379> EXISTS student:1
1
```

图 6-3　检查键 student:1 是否存在的结果

```
127.0.0.1:6379> TYPE student:1
string
```

图 6-4　键 student:1 的值的数据类型

步骤 4　执行如下语句，获取键的数量，结果如图 6-5 所示。

```
127.0.0.1:6379> DBSIZE
```

步骤 5　执行如下语句，修改键 student:3 的名称。

```
127.0.0.1:6379> RENAME student:3 student:id_3
```

步骤 6　执行如下语句，删除键 student:id_3。

```
127.0.0.1:6379> DEL student:id_3
```

步骤 7　执行如下语句，获取所有前缀为 student 的键，结果如图 6-6 所示。

```
127.0.0.1:6379> KEYS student:*
```

```
127.0.0.1:6379> DBSIZE
3
```

图 6-5　键的数量

```
127.0.0.1:6379> KEYS student:*
student:2
student:1
```

图 6-6　所有前缀为 student 的键

二、字符串的基本操作

在 Redis 中，使用 SET、MSET、SETNX 等字符串命令可以实现字符串的基本操作。常用的字符串命令如表 6-4 所示。

表 6-4　常用的字符串命令

命　令	描　述
SET key value	设置键值对。若该键已经存在，则该键的旧值将会被 value 覆盖
MSET key1 value1 key2 value2 ...	设置一个或多个键值对
SETNX key value	只有当键不存在时，设置键值对
GET key	获取指定键的值
MGET key1 key2 ...	获取一个或多个指定键的值
GETSET key value	将指定键的值设置为 value，并返回键的旧值
APPEND key value	将字符串 value 追加到指定键的值的末尾。若键不存在，APPEND 命令会创建一个新的键，并将 value 设置为该键的值
STRLEN key	获取指定键的值的长度
GETRANGE key start end	获取指定键的值的子字符串。其中，start 表示子字符串的起始位置；end 表示子字符串的结束位置

【例 6-2】 操作字符串。

步骤 1 执行如下语句，设置两个日记键值对。

```
127.0.0.1:6379> SET diary:1 "Today was a great day!"
127.0.0.1:6379> SET diary:2 "Feeling excited about the upcoming trip."
```

步骤 2 执行如下语句，向键 diary:1 的值的末尾追加字符串。

```
127.0.0.1:6379> APPEND diary:1 "I met up with some old friends."
```

步骤 3 执行如下语句，获取键 diary:1 的值的长度，结果如图 6-7 所示。

```
127.0.0.1:6379> STRLEN diary:1
```

步骤 4 执行如下语句，获取键 diary:2 的值的子字符串，结果如图 6-8 所示。

```
127.0.0.1:6379> GETRANGE diary:2 0 12
```

```
127.0.0.1:6379> STRLEN diary:1
53
```

```
127.0.0.1:6379> GETRANGE diary:2 0 12
Feeling excit
```

图 6-7 键 diary:1 的值的长度　　　　图 6-8 键 diary:2 的值的子字符串

三、哈希表的基本操作

在 Redis 中，使用 HSET、HMSET、HSETNX 等哈希命令可以实现哈希表的基本操作。常用的哈希命令如表 6-5 所示。

表 6-5　常用的哈希命令

命　令	描　述
HSET key field value	将指定哈希表 key 中指定字段 field 的值设置为 value
HMSET key field1 value1 field2 value2 …	设置指定哈希表中的一个或多个指定字段的值
HSETNX key field value	当字段 field 不存在时，设置指定哈希表中字段的值
HGET key field	获取指定哈希表中指定字段的值
HMGET key field1 field2 …	获取指定哈希表中一个或多个指定字段的值
HKEYS key	获取指定哈希表中的所有字段
HVALS key	获取指定哈希表中的所有值
HLEN key	获取指定哈希表中的字段数量
HGETALL key	获取指定哈希表中的所有字段和值
HEXISTS key field	检查指定哈希表中的指定字段是否存在
HDEL key field1 field2 …	删除指定哈希表中的一个或多个指定字段

【例 6-3】 操作哈希表。

步骤 1 执行如下语句，设置哈希表 teacher:id_1 中多个指定字段的值。

```
127.0.0.1:6379> HMSET teacher:id_1 username "张三" age 30 city "北京"
```

步骤 2 执行如下语句，获取哈希表 teacher:id_1 中 username 字段的值，结果如图 6-9 所示。

```
127.0.0.1:6379> HGET teacher:id_1 username
```

步骤 3 执行如下语句，获取哈希表 teacher:id_1 中的所有字段和值，结果如图 6-10 所示。

```
127.0.0.1:6379> HGETALL teacher:id_1
```

```
127.0.0.1:6379> HGET teacher:id_1 username
张三
```

图 6-9 哈希表中 username 字段的值

```
127.0.0.1:6379> HGETALL teacher:id_1
username
张三
age
30
city
北京
```

图 6-10 哈希表中的所有字段和值

步骤 4 执行如下语句，检查哈希表 teacher:id_1 中的 age 字段是否存在。结果返回 1（见图 6-11），表示 age 字段存在。

```
127.0.0.1:6379> HEXISTS teacher:id_1 age
```

步骤 5 执行如下语句，删除哈希表 teacher:id_1 中的 city 字段。

```
127.0.0.1:6379> HDEL teacher:id_1 city
```

步骤 6 执行如下语句，获取哈希表 teacher:id_1 中的字段数量，结果如图 6-12 所示。

```
127.0.0.1:6379> HLEN teacher:id_1
```

```
127.0.0.1:6379> HEXISTS teacher:id_1 age
1
```

图 6-11 哈希表中 age 字段是否存在的结果

```
127.0.0.1:6379> HLEN teacher:id_1
2
```

图 6-12 哈希表中的字段数量

四、列表的基本操作

在 Redis 中，使用 LPUSH、RPUSH、LPOP 等列表命令可以实现列表的基本操作。常用的列表命令如表 6-6 所示。

表 6-6 常用的列表命令

命　令	描　述
LPUSH key value1 value2 ...	将一个或多个元素插入指定列表 key 的头部
RPUSH key value1 value2 ...	将一个或多个元素插入指定列表的尾部
LPOP key	移出并返回指定列表的第一个元素
RPOP key	移出并返回指定列表的最后一个元素
LRANGE key start stop	获取指定列表中指定范围内的元素。其中，start 表示起始索引，0 表示列表的第一个元素；stop 表示结束索引，-1 表示列表的最后一个元素
LINDEX key index	获取指定列表中指定索引位置的元素
LLEN key	获取指定列表的长度
LINSERT key BEFORE | AFTER pivot value	在指定列表中指定元素 pivot 的前方或后方插入新元素 value
LREM key count value	删除指定列表中与指定值匹配的元素。其中，count 大于 0 时，从列表头部开始删除 count 个匹配的元素；count 小于 0 时，从列表尾部开始删除 count 个匹配的元素；count 等于 0 时，删除所有匹配的元素

【例 6-4】操作列表。

步骤 1 执行如下语句，向列表 fruits 的头部插入元素。

127.0.0.1:6379> LPUSH fruits 苹果 香蕉 橙子 葡萄

步骤 2 执行如下语句，获取列表 fruits 的长度，结果如图 6-13 所示。

127.0.0.1:6379> LLEN fruits

步骤 3 执行如下语句，获取列表 fruits 中索引为 1 到 3 的元素，结果如图 6-14 所示。

127.0.0.1:6379> LRANGE fruits 1 3

步骤 4 执行如下语句，在列表 fruits 中的橙子元素之前插入一个新元素。

127.0.0.1:6379> LINSERT fruits BEFORE 橙子 西瓜

步骤 5 执行如下语句，删除列表 fruits 中与香蕉匹配的所有元素。

127.0.0.1:6379> LREM fruits 0 香蕉

步骤 6 执行如下语句，获取列表 fruits 中的所有元素，结果如图 6-15 所示。

127.0.0.1:6379> LRANGE fruits 0 -1

```
127.0.0.1:6379> LLEN fruits
4
```

图 6-13 列表 fruits 的长度

```
127.0.0.1:6379> LRANGE fruits 1 3
橙子
香蕉
苹果
```

图 6-14 索引为 1 到 3 的元素

```
127.0.0.1:6379> LRANGE fruits 0 -1
葡萄
西瓜
橙子
苹果
```

图 6-15 列表 fruits 中的所有元素

五、集合的基本操作

在 Redis 中，使用 SADD、SMEMBERS、SISMEMBER 等集合命令可以实现集合的基本操作。常用的集合命令如表 6-7 所示。

表 6-7 常用的集合命令

命 令	描 述
SADD key member1 member2 ...	向指定集合 key 中添加一个或多个成员 member
SMEMBERS key	获取指定集合中的所有成员
SISMEMBER key member	检查指定集合中的指定成员是否存在
SCARD key	获取指定集合中的成员数量
SREM key member1 member2 ...	从指定集合中移除一个或多个成员
SUNION key1 key2 ...	返回指定集合的并集
SINTER key1 key2 ...	返回指定集合的交集
SDIFF key1 key2 ...	返回指定集合的差集

【例 6-5】 操作集合。

步骤 1 执行如下语句，向集合 class1 中添加 3 个学生成员。

```
127.0.0.1:6379> SADD class1 张三 李四 王二
```

步骤 2 执行如下语句，向集合 class2 中添加 3 个学生成员。

```
127.0.0.1:6379> SADD class2 张三 赵六 孙七
```

步骤 3 执行如下语句，从集合 class1 中移除一个学生成员。

```
127.0.0.1:6379> SREM class1 王二
```

步骤 4 执行如下语句，获取集合 class1 和集合 class2 的并集，结果如图 6-16 所示。

```
127.0.0.1:6379> SUNION class1 class2
```

```
127.0.0.1:6379> SUNION class1 class2
张三
赵六
孙七
李四
```

图 6-16 集合 class1 和集合 class2 的并集

六、有序集合的基本操作

在 Redis 中，使用 ZADD、ZRANGE、ZREVRANGE 等有序集合命令可以实现有序集合的基本操作。常用的有序集合命令如表 6-8 所示。

表 6-8 常用的有序集合命令

命 令	描 述
ZADD key score1 member1 score2 member2 ...	向指定有序集合中添加一个或多个成员，每个成员都有一个关联的分数
ZRANGE key start stop [WITHSCORES]	按照分数从低到高的顺序，返回有序集合中指定范围内的成员。其中，WITHSCORES 为可选参数，用于返回成员的分数；start 表示起始索引；stop 表示结束索引
ZREVRANGE key start stop [WITHSCORES]	按照分数从高到低的顺序，返回有序集合中指定范围内的成员
ZSCORE key member	获取指定有序集合中指定成员的分数
ZCARD key	获取指定有序集合的成员数量
ZREM key member1 member2 ...	从指定有序集合中移除一个或多个成员
ZCOUNT key min max	计算有序集合中分数在指定范围内的成员数量。其中，min 表示分数的最小值；max 表示分数的最大值
ZREMRANGEBYSCORE key min max	从指定有序集合中移除指定分数范围内的成员
ZREMRANGEBYRANK key start stop	从指定有序集合中移除指定排名范围内的成员

【例 6-6】 操作有序集合。

步骤 1 执行如下语句，向有序集合 class1_scores 中添加 3 个成员。

```
127.0.0.1:6379> ZADD class1_scores 90 张三 85 李四 92 王二
```

步骤 2 执行如下语句，按照分数从高到低的顺序，返回有序集合 class1_scores 中分数排名前二的学生姓名及其分数，结果如图 6-17 所示。

```
127.0.0.1:6379> ZREVRANGE class1_scores 0 1 WITHSCORES
```

步骤 3 执行如下语句，计算有序集合 class1_scores 中分数在 85 到 90 之间的成员数量，结果如图 6-18 所示。

```
127.0.0.1:6379> ZCOUNT class1_scores 85 90
```

```
127.0.0.1:6379> ZREVRANGE class1_scores 0 1 WITHSCORES
王二
92
张三
90
```

```
127.0.0.1:6379> ZCOUNT class1_scores 85 90
2
```

图 6-17 分数排名前二的学生姓名及其分数

图 6-18 分数在 85 到 90 之间的成员数量

七、Redis 持久化

Redis 持久化是指将 Redis 内存中的数据保存到磁盘上的过程，以防止在服务器重启或异常情况下丢失数据。目前，Redis 常用的持久化机制包括 RDB（Redis database）持久化、AOF（append only file）持久化和混合持久化。

1. RDB 持久化

RDB 持久化是 Redis 默认的数据持久化机制，它按照预设的时间间隔将内存中的数据快照异步写入磁盘。持久化过程中，Redis 会创建一个子进程执行持久化操作，避免干扰主进程执行数据的读写操作；子进程会将数据快照写入临时文件（二进制形式），待写入成功后替换原 RDB 文件，如图 6-19 所示。

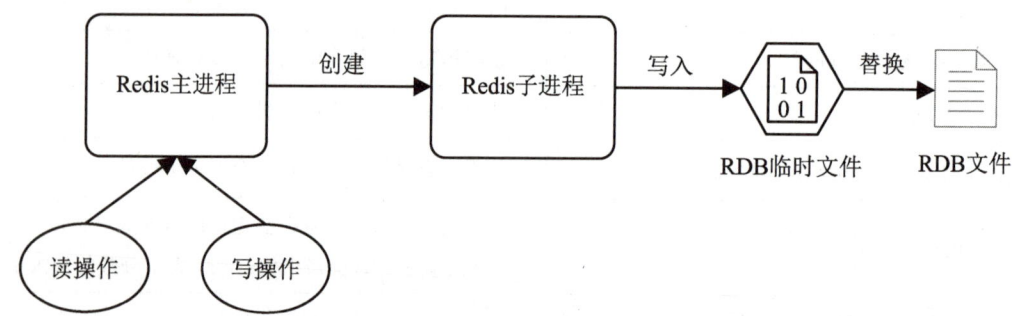

图 6-19 RDB 持久化过程

实现 RDB 持久化的方法有以下两种。

（1）定时执行。在 "redis.conf" 配置文件中添加如下配置信息，调整自动触发 RDB 持久化的条件。

```
#配置信息，如指定 10 秒内有两次更新操作，就执行 RDB 持久化操作
save 10 2
```

（2）手动执行。在 Redis 客户端执行 bgsave 命令可以手动实现 RDB 持久化。

RDB 持久化的优点包括备份与恢复高效、对主进程性能影响小、启动速度快等。但是，RDB 持久化的过程中可能会发生数据丢失，无法保证数据的完整性和一致性。

> **高手点拨**
>
> 执行 save 命令也可以实现 RDB 持久化，但是在持久化过程中会阻塞当前的 Redis 主进程，直到 RDB 文件创建完毕。因此，不建议使用 save 命令实现 RDB 持久化。

2. AOF 持久化

AOF 持久化是 Redis 的主流持久化机制，它通过记录服务器接收到的所有写操作命令，并将这些命令以文本的形式追加到 AOF 文件中来实现持久化，如图 6-20 所示。这种机制确保了即使在系统崩溃的情况下，只要 AOF 文件存在，就可以通过重新执行该文件中的写操作来恢复数据库的最新状态，从而实现数据的持久化。

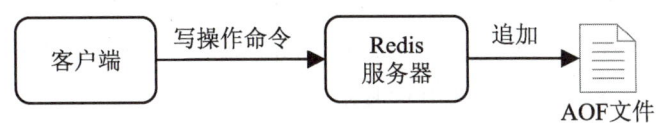

图 6-20　AOF 持久化过程

在 Redis 的 "redis.conf" 配置文件中有以下 3 种持久化配置。用户可以根据需求选择合适的持久化配置。

```
appendfsync always       #每次有数据修改发生时都会同步
appendfsync everysec     #每秒同步一次
appendfsync no           #不主动同步
```

其中，always 表示每次有数据修改发生时都会立即将数据同步写入磁盘，这可以最大程度上保证数据的一致性和可靠性，但对性能有较大的影响；everysec 表示每秒执行一次数据同步操作，该配置平衡了数据安全性和性能；no 表示有数据修改发生时不主动执行数据同步操作，完全依赖操作系统的策略来决定数据何时同步到磁盘，该配置的性能最好，但可能会发生数据丢失。

> **高手点拨**
>
> 混合持久化是指同时使用 RDB 持久化和 AOF 持久化，保留了两种持久化机制的优点，从而提供更可靠和更灵活的数据持久化方案。

任务实施

任务分析　为了防止存储在 Redis 中的社交媒体数据丢失，需要先配置持久化；然后根据需要操作社交媒体数据。

1. 配置持久化

本教材选用 Redis 的 AOF 持久化机制实现数据的持久化。

操作社交媒体数据

步骤 1　启动 Master 主机的终端，执行如下命令，创建目录用于存放 AOF 文件。

```
[hadoop@Master ~]$ cd /usr/local/redis
[hadoop@Master redis]$ mkdir data
```

步骤 2 执行如下命令,打开 "redis.conf" 配置文件。

```
[hadoop@Master redis]$ gedit redis.conf
```

步骤 3 按 "Ctrl+F" 组合键,在 "redis.conf" 配置文件中查找 "appendonly no",并将其修改为如下配置信息,开启 AOF 持久化功能。

```
appendonly yes
```

步骤 4 按 "Ctrl+F" 组合键,在 "redis.conf" 配置文件中查找 "dir ./",并将其修改为如下配置信息,指定存储 AOF 文件的目录。

```
dir /usr/local/redis/data
```

步骤 5 按 "Ctrl+F" 组合键,在 "redis.conf" 配置文件中查找 "appendfsync everysec",若其左侧有注释符(#),则删除注释符;然后保存并关闭配置文件。

```
appendfsync everysec
```

步骤 6 重启 Master 主机和终端。

步骤 7 执行如下命令,使用指定的配置文件启动 Redis 服务器。

```
[hadoop@Master ~]$ redis-server /usr/local/redis/redis.conf
```

步骤 8 在 Master 主机上启动一个新的终端,执行如下命令,启动 Redis CLI。

```
[hadoop@Master ~]$ redis-cli --raw
```

2. 操作社交媒体数据

分析表 6-2 中的数据,我们以字符串类型存储用户信息(用户名和邮箱),便于快速访问数据;以哈希类型存储帖子的多个属性(标题和内容),可以单独操作每个属性而无须加载整个对象,从而提升数据操作的速度;以列表类型存储用户发布的帖子 ID,便于管理和查询某个用户的所有帖子,并记录用户发布帖子的顺序。

步骤 1 执行如下语句,以字符串类型存储用户信息,并使用 user 前缀组织和管理键。

```
127.0.0.1:6379> SET user:1 "username:Alice,email:alice@example.com"
127.0.0.1:6379> SET user:2 "username:Bob,email:bob@example.com"
```

步骤 2 执行如下语句,以哈希类型存储每个帖子的详细信息,并使用 post 前缀组织和管理键。其中,可以将每个帖子的键视为帖子的 ID。

```
127.0.0.1:6379> HMSET post:1 title "Redis 入门教程" content "这是一篇关于 Redis 的入门教程……"
127.0.0.1:6379> HMSET post:2 title "Redis 高级特性" content "这篇文章介绍了 Redis 的一些高级特性……"
127.0.0.1:6379> HMSET post:3 title "Redis 进阶教程" content "这是一篇关于 Redis 的进阶教程……"
```

步骤 3 执行如下语句，以列表类型存储用户发布的帖子，每个元素是一个帖子的ID，并使用 posts:user 前缀组织和管理键。

```
#Alice 的帖子列表，分别为 post:1 和 post:3
127.0.0.1:6379> LPUSH posts:user:1 post:1 post:3
#Bob 的帖子列表，为 post:2
127.0.0.1:6379> LPUSH posts:user:2 post:2
```

步骤 4 执行如下语句，检查用户 user:1 是否存在。结果返回 1，表示用户 user:1 存在。

```
127.0.0.1:6379> EXISTS user:1
```

步骤 5 执行如下语句，统计所有用户，结果如图 6-21 所示。

```
127.0.0.1:6379> KEYS user:*
```

步骤 6 执行如下语句，获取用户 user:1 的信息，结果如图 6-22 所示。

```
127.0.0.1:6379> GET user:1
```

```
127.0.0.1:6379> KEYS user:*
user:2
user:1
```

```
127.0.0.1:6379> GET user:1
username:Alice,email:alice@example.com
```

图 6-21　所有用户　　　　　图 6-22　用户 user:1 的信息

步骤 7 执行如下语句，获取帖子 post:1 的详细信息，包括标题和内容，结果如图 6-23 所示。

```
127.0.0.1:6379> HGETALL post:1
```

```
127.0.0.1:6379> HGETALL post:1
title
Redis入门教程
content
这是一篇关于Redis的入门教程……
```

图 6-23　帖子 post:1 的详细信息

步骤 8 执行如下语句，获取帖子 post:2 包含的所有字段，结果如图 6-24 所示。

```
127.0.0.1:6379> HKEYS post:2
```

步骤 9 执行如下语句，获取用户 user:1 发布的帖子数量，结果如图 6-25 所示。

```
127.0.0.1:6379> LLEN posts:user:1
```

```
127.0.0.1:6379> HKEYS post:2
title
content
```

```
127.0.0.1:6379> LLEN posts:user:1
2
```

图 6-24　帖子 post:2 包含的所有字段　　　图 6-25　用户 user:1 发布的帖子数量

步骤 10 执行如下语句，删除用户 user:1 发布的第一个帖子。

```
127.0.0.1:6379> RPOP posts:user:1
```

项目实训

1. 实训目标

（1）熟练操作键。

（2）熟练操作字符串、哈希表、列表、集合和有序集合。

2. 实训内容

某图书借阅平台的部分数据如表 6-9 所示。

表 6-9 图书借阅平台的部分数据

用户 ID	用户姓名	图书 ID	图书名	图书作者	图书类型
u101	张三	b1	《红楼梦》	曹雪芹	古典小说
		b2	《三国演义》	罗贯中	历史小说
u102	李四	b1	《红楼梦》	曹雪芹	古典小说
u103	王五	b2	《三国演义》	罗贯中	历史小说

根据以上信息，在 Redis 中完成如下操作。

（1）以哈希类型存储用户信息，并使用 user 前缀组织和管理键。

（2）以哈希类型存储图书信息，并使用 book 前缀组织和管理键。

（3）以集合类型存储每本书的借阅者 ID，并使用 book:b1 和 book:b2 前缀管理键 borrowers。其中，借阅者 ID 也就是用户 ID。

（4）获取图书 book:b1 的详细信息。

（5）获取用户 user:u101 的用户信息。

（6）获取借阅《红楼梦》的所有用户。

（7）添加新的借阅记录，用户王五借阅《红楼梦》。

（8）移除用户张三借阅《三国演义》的记录。

项目考核

1. 选择题

（1）键值数据库的特点不包括（　　）。

　　A．高性能　　　　　　　　　　　B．高可扩展性

　　C．数据存储结构复杂　　　　　　D．高灵活性

(2) 在键值数据库中，数据以（　　）的形式进行存储。

　　A．表格　　　　　　　　　　B．键值对

　　C．列　　　　　　　　　　　D．文档

(3) 在键值数据库中，（　　）是唯一的。

　　A．键　　　　　　　　　　　B．值

　　C．数据类型　　　　　　　　D．存储结构

(4) 在 Redis 中，使用（　　）命令可以获取指定键的值。

　　A．GET key　　　　　　　　 B．TYPE key

　　C．DBSIZE　　　　　　　　　D．KEYS pattern

(5) 在 Redis 中，使用（　　）命令可以获取指定键的字符串值的长度。

　　A．APPEND key　　　　　　　B．GETRANGE key start end

　　C．STRLEN key　　　　　　　D．DBSIZE

(6) 在 Redis 中，使用（　　）命令可以获取指定哈希表中的所有字段。

　　A．HSET key field value　 B．HKEYS key

　　C．HGETALL key　　　　　　 D．DEL key

(7) 在 Redis 中，使用（　　）命令可以从指定的集合中移除一个或多个指定成员。

　　A．SREM key member1 member2 ...　 B．SCARD key

　　C．SUNION key1 key2 ...　 　　　　 D．SDIFF key1 key2 ...

(8) 在 Redis 中，使用（　　）机制可以实现数据的持久化。

　　A．RDB 持久化　　　　　　　B．AOF 持久化

　　C．混合持久化　　　　　　　D．以上全部

2．判断题

(1) 键是一个唯一的标识符，用于定位和访问与之关联的值。　　　　　（　　）

(2) 在 Redis 中，字符串是最基本的数据类型，可以存储数字、文本等数据，但是不可以存储图片或序列化的对象等数据。　　　　　　　　　　　　　　　　　（　　）

(3) 在 Redis 中，哈希是多个键值对的集合。　　　　　　　　　　　　（　　）

(4) 在 Redis 中，使用 SET 和 MSET 命令均可以设置键值对。　　　　　（　　）

(5) 在 Redis 中，使用 RPUSH 命令只能将一个元素插入指定列表的尾部。（　　）

(6) AOF 持久化机制确保了即使在系统崩溃的情况下，只要 AOF 文件存在，就可以通过重新执行该文件中的写操作来恢复数据库的最新状态。　　　　　　　（　　）

3．简答题

(1) 简述 Redis 支持的数据类型。

(2) 简述 Redis 不同持久化方式的适用场景。

项目评价

请学生结合本项目的学习情况，对学习成果进行自评和互评（组内成员相互评分），请指导教师进行师评和总评，并将评价结果填入表 6-10 中。

表 6-10 学习成果评价表

评价项目	评价内容	评价分数			
		分值	自评	互评	师评
任务完成度（20%）	任务准备阶段，回答问题清晰准确，紧扣主题，没有明显错误	5 分			
	任务实施阶段，根据操作步骤完成本任务	5 分			
	项目实训阶段，出色地完成实训内容	5 分			
	项目考核阶段，完成考核题目	5 分			
知识（35%）	键值数据库的特点和应用场景	5 分			
	Redis 的存储结构和数据类型	10 分			
	Redis 中键、字符串、哈希表、列表、集合和有序集合的基本操作	15 分			
	Redis 持久化的方法	5 分			
技能（35%）	采用单机模式部署 Redis	10 分			
	使用 Redis 操作不同类型的数据，灵活存储和管理大规模数据	15 分			
	实现 Redis 持久化，长期存储业务中的数据	10 分			
素养（10%）	具有自主学习意识，做好课前准备	5 分			
	互帮互助，具有团队精神	5 分			
合计		100 分			
总评	综合得分：＿＿＿＿＿＿	指导教师签字：＿＿＿＿＿＿			
	综合等级：＿＿＿＿＿＿				

注：综合得分可按照"自评（25%）+互评（25%）+师评（50%）"进行计算；综合等级可以"优"（综合得分≥90 分）、"良"（80 分≤综合得分<90 分）、"中"（60 分≤综合得分<80 分）、"差"（综合得分<60 分）为标准进行评价。

项目七

NewSQL 数据库 CockroachDB

项目导读

NewSQL 数据库是一种新兴的数据库，旨在融合关系型数据库和 NoSQL 数据库的优点，提供一个高性能、高可伸缩性和强一致性的数据存储方案。CockroachDB 是一个开源的 NewSQL 数据库，可用于高效存储和管理大规模的实时数据，并确保数据在分布式环境中的强一致性和高可用性。

本项目将介绍 NewSQL 数据库和 CockroachDB 的相关知识，采用单机模式部署 CockroachDB，操作电商平台数据。

项目目标

知识目标

- ✓ 了解 NewSQL 数据库的特点和应用场景。
- ✓ 熟悉 CockroachDB 的架构和存储结构。
- ✓ 掌握 CockroachDB 中数据库、模式、表和数据的基本操作。

技能目标

- ✓ 能采用单机模式部署 CockroachDB。
- ✓ 能使用 CockroachDB SQL Shell 操作数据库、模式、表和数据，高效存储和管理数据。

素养目标

- ✓ 培养审视问题、分解问题和处理问题的能力。
- ✓ 培养对比分析、归纳总结和举一反三的能力。

任务一　采用单机模式部署 CockroachDB

任务描述

CockroachDB 支持 4 种部署模式，分别为单机模式、集群模式、容器化模式和云托管模式。为了方便演示 CockroachDB 的使用方法，我们采用单机模式部署 CockroachDB。在这种模式下，CockroachDB 运行在单个节点上，并使用本地文件系统存储数据。

采用单机模式部署 CockroachDB 之前，我们先来学习一下 NewSQL 数据库的特点和应用场景，以及 CockroachDB 的架构和存储结构。

任务准备

全班学生以 3～5 人为一组，各组选出组长。组长组织组员扫码观看"对比 NewSQL、NoSQL 和关系型数据库"视频，讨论并回答下列问题。

问题 1：简述 NewSQL、NoSQL 和关系型数据库的数据模型。

对比 NewSQL、NoSQL 和关系型数据库

问题 2：简述 NewSQL、NoSQL 和关系型数据库的应用场景。

一、NewSQL 数据库概述

NewSQL 是对各种新的可扩展、高性能数据库的简称，其特点和应用场景如下。

1. NewSQL 数据库的特点

NewSQL 数据库的特点主要体现在以下几个方面。

（1）支持 SQL。NewSQL 数据库保留了关系型数据库的 SQL 查询语言，对于熟悉关系型数据库的用户来说相对容易上手。

（2）支持 ACID 事务特性。NewSQL 数据库支持 ACID 事务特性，能够确保数据的一致性和可靠性。

（3）高可扩展性。NewSQL 数据库支持水平弹性扩展，可以轻松应对数据量的大幅增长。

（4）高性能。NewSQL 数据库采用了分布式架构和并行处理等技术，能够处理大规模数据的并发访问。

（5）高可用性。NewSQL 数据库具有数据复制功能和故障转移机制，保证了部分节点出现故障时数据库仍然能够正常运行。

总的来说，NewSQL 数据库适用于大数据处理、高并发读写、实时数据处理和云计算等场合。

2. NewSQL 数据库的应用场景

在实际应用中，NewSQL 数据库已经广泛应用于金融领域、物联网、云计算和电子商务等，如图 7-1 所示。

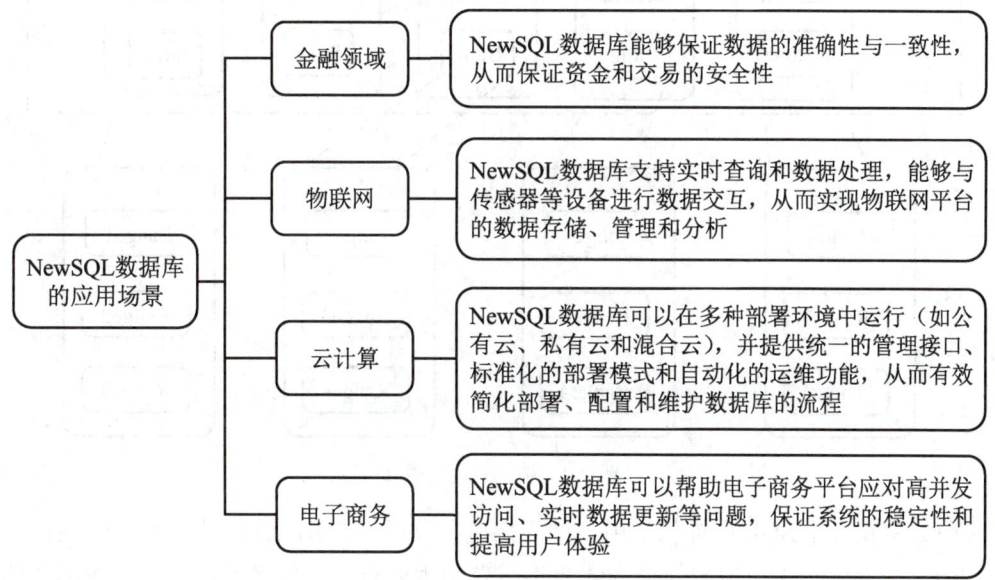

图 7-1　NewSQL 数据库的应用场景

二、CockroachDB 的架构

CockroachDB 是一款开源的 NewSQL 数据库，其架构由 SQL 层、分布式查询引擎层和分布式键值存储层组成，如图 7-2 所示。

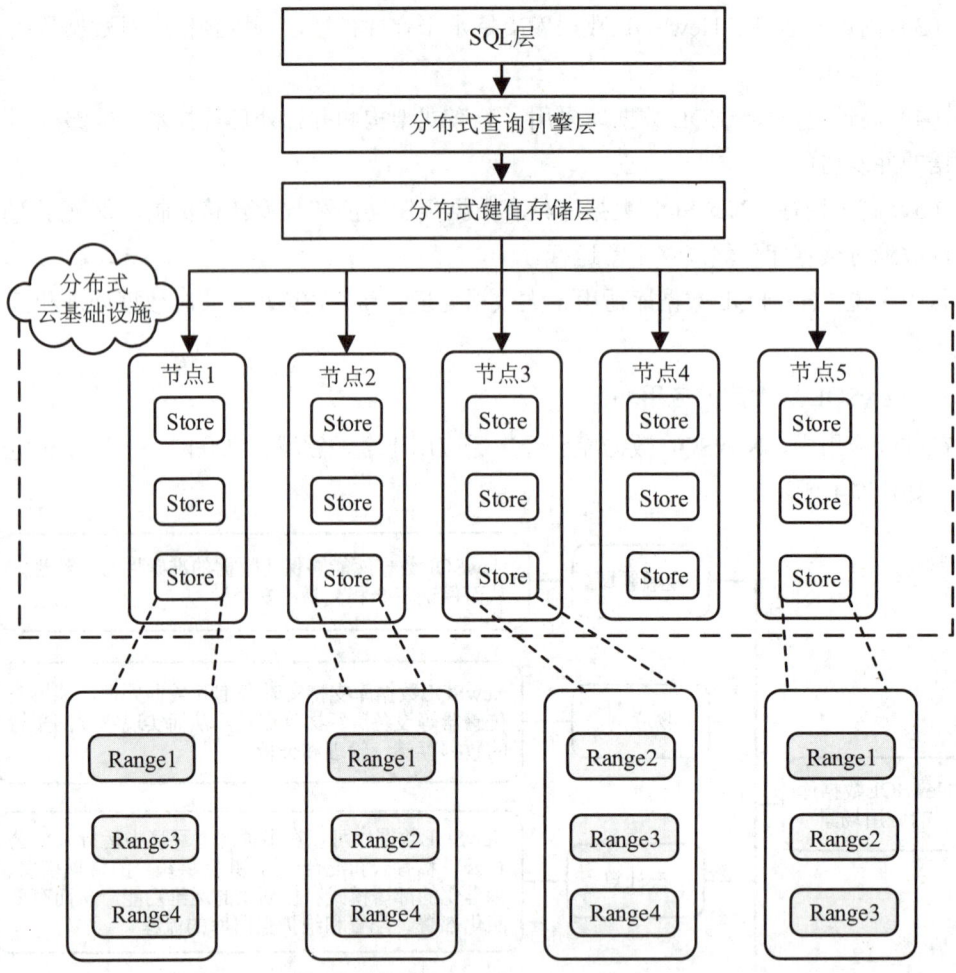

图 7-2　CockroachDB 的架构

（1）SQL 层。SQL 层提供了用户访问接口，负责将 SQL 语句转换为逻辑计划。

（2）分布式查询引擎层。分布式查询引擎层主要负责优化逻辑计划，生成高效的执行计划，这些计划定义了如何在分布式环境中并行处理数据。此外，该层还包括分布式事务管理器，确保分布式环境中数据的一致性、完整性和安全性。

（3）分布式键值存储层。分布式键值存储层主要负责分布式存储和管理数据，主要由以下几个部分组成。

① 节点。节点是 CockroachDB 集群中独立运行的实例，负责存储数据、处理读写请求，并与其他节点通信。每个节点中通常包含多个 Store。

② Store。Store 是节点中用于存储数据的逻辑单元，负责存储一组 Range，每个 Range 包含一定范围的键值对。

③ Range。Range 是指数据的逻辑分区或分片，它是数据存储的基本单元。每个 Range 通常包含多个副本，这些副本存储在不同的节点中，以实现数据备份和故障容错功能。

三、CockroachDB 的存储结构

CockroachDB 的存储结构可以分为 4 个层次，分别为数据库、模式、表和字段。

（1）数据库。数据库主要用于组织和管理相关的模式和表。

（2）模式（schema）。模式主要用于组织和管理表。若表较少，则用户可以不用创建模式，直接在数据库中创建表。

（3）表。表由行和字段组成，主要用于存储实际的数据。用户可以根据需求设计表结构（如主键、数据类型等），以提高数据的查询效率。一个表中可以包含多个字段。

（4）字段。字段是数据存储的基本单位，用于存储不同类型的数据。

任务实施

任务分析 采用单机模式部署 CockroachDB 时，只需要在单个主机上安装并配置 CockroachDB；然后启动 CockroachDB 单节点服务器和 Shell，验证 CockroachDB 是否部署成功。

采用单机模式部署 CockroachDB

步骤 1 启动 Master 主机的浏览器，访问 CockroachDB 的官方网站（https://www.cockroachlabs.com），在打开的首页中选择"Docs"选项，单击"Explore"按钮；然后在打开的页面中选择"CockroachDB Releases"/"CockroachDB Releases"选项；最后在打开的版本页面中找到"v23.2.5"版本，并单击"Intel 64-bit Downloads"下方的"Full Binary"链接文字，下载 CockroachDB 安装文件，如图 7-3 所示。

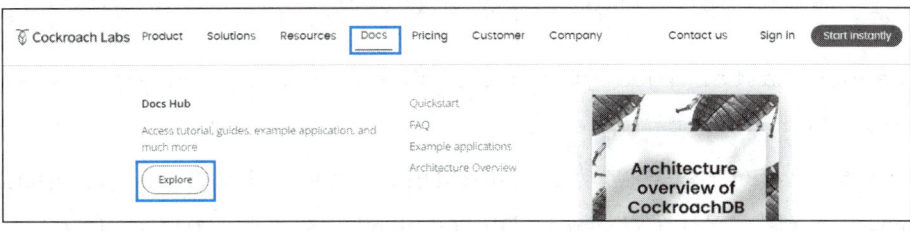

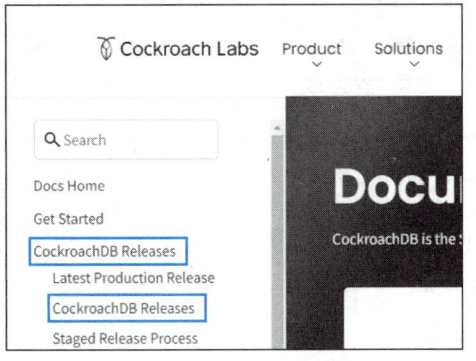
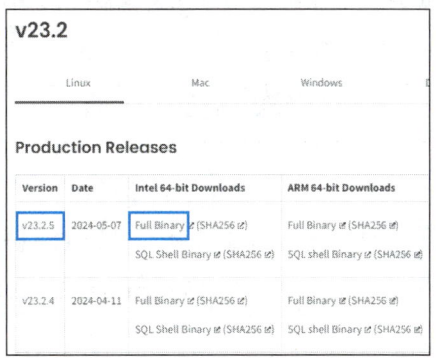

图 7-3　下载 CockroachDB 安装文件

步骤 2 启动 Master 主机的终端，执行如下命令，将 CockroachDB 安装文件解压到"/usr/local"目录中；然后将"cockroach-v23.2.5.linux-amd64"目录重命名为"cockroach"；最后将"/usr/local"和"cockroach"的所有权限赋予 hadoop 用户。

```
[hadoop@Master ~]$ cd ~/下载
[hadoop@Master 下载]$ sudo tar -zxvf cockroach-v23.2.5.linux-amd64.tgz -C /usr/local
[hadoop@Master 下载]$ cd /usr/local
[hadoop@Master local]$ sudo mv cockroach-v23.2.5.linux-amd64 cockroach
[hadoop@Master local]$ sudo chown -R hadoop /usr/local ./cockroach
```

步骤 3 执行如下命令，打开".bashrc"配置文件；然后在文件首行添加如下配置信息；最后保存并关闭配置文件。

```
[hadoop@Master local]$ vim ~/.bashrc
#配置信息
export PATH=$PATH:/usr/local/cockroach
```

步骤 4 执行如下命令，使配置信息生效。

```
[hadoop@Master local]$ source ~/.bashrc
```

步骤 5 执行如下命令，启动 CockroachDB 单节点服务器。若显示的启动信息和日志中没有出现明显的错误信息（如 ERROR、Failed 等），则证明 CockroachDB 单节点服务器启动成功。

```
[hadoop@Master local]$ cockroach start-single-node --insecure --background --host=Master
```

步骤 6 执行如下命令，启动 CockroachDB SQL Shell。若出现"root@Master:26257/defaultdb>"提示符，则证明 CockroachDB SQL Shell 启动成功，如图 7-4 所示。

```
[hadoop@Master local]$ cockroach sql --insecure --host=Master
```

```
root@Master:26257/defaultdb>
M-? toggle key help · C-d erase/stop · C-c clear/cancel · M-. hide/show prompt
```

图 7-4 CockroachDB SQL Shell 启动成功的界面

步骤 7 执行如下语句，退出 CockroachDB SQL Shell。

```
root@Master:26257/defaultdb> exit
```

任务二 操作电商平台的交易数据

 **任务描述**

电商平台包含大量的用户数据、商品数据和订单数据，存储和分析这些数据能够帮助商家管理用户信息和商品信息、洞察市场动态，提升运营效率等。某电商平台的交易数据分类存储在 3 个表中，它们的结构和数据分别如表 7-1、表 7-2 和表 7-3 所示。

表 7-1 用户表的结构和数据

字段名	user_id（用户 ID）	user_name（用户名）	email（邮箱）	password（密码）
数据类型	STRING	VARCHAR(255)	VARCHAR(255)	VARCHAR(255)
约束条件	主键约束	非空约束	非空约束	非空约束
数据	user_1	张三	zhangsan@example.com	—
	user_2	李四	lisi@example.com	
	user_3	王五	wangwu@example.com	
	user_4	赵六	zhaoliu@example.com	—

表 7-2 商品表的结构和数据

字段名	goods_id（商品 ID）	goods_name（商品名称）	description（商品描述）	price（商品价格）	stock（商品库存）
数据类型	STRING	VARCHAR(255)	TEXT	DECIMAL(10, 2)	INT
约束条件	主键约束	非空约束	—	非空约束	非空约束
数据	goods_1	智能手机	外观设计独特，摄像头像素高	3999.99	50
	goods_2	高性能笔记本电脑	处理器性能强大，内存空间大	7999.99	30
	goods_3	蓝牙耳机	不受线缆束缚，支持高质量的音频传输	1299.99	200
	goods_4	智能手表	具备健康监测、运动追踪等功能	1999.99	100

表 7-3 订单表的结构和数据

字段名	order_id（订单ID）	user_id	goods_id	order_date（订单日期）	status（订单状态）	quantity（订单中商品的数量）
数据类型	STRING	STRING	STRING	TIMESTAMP	VARCHAR(50)	INT
约束条件	主键约束	非空约束、外键约束（引用用户表中的user_id）	非空约束、外键约束（引用商品表中的goods_id）	默认值约束（默认值为当前时间）	非空约束	非空约束
数据	order_1	user_1	goods_1	默认值	已下单	1
	order_2	user_2	goods_2	默认值	已下单	2
	order_3	user_3	goods_3	默认值	已发货	1
	order_4	user_4	goods_1	默认值	已完成	1

在操作电商平台的交易数据之前，我们先来学习一下 CockroachDB 中数据库、模式、表和数据的基本操作。

任务准备

全班学生以 3~5 人为一组，各组选出组长。组长组织组员扫码观看 "对比 CockroachDB 查询语言与 SQL" 视频，讨论并回答下列问题。

问题 1：简述 CockroachDB 查询语言与 SQL 的相似之处。

对比 CockroachDB 查询语言与 SQL

问题 2：简述 CockroachDB 查询语言的扩展功能。

一、数据库的基本操作

在 CockroachDB 中，数据库的基本操作包括创建数据库、显示数据库、切换数据库和删除数据库等。

1. 创建数据库

使用 CREATE DATABASE 关键字可以创建数据库，其语法格式如下。

项目七　NewSQL 数据库 CockroachDB

```
CREATE DATABASE [IF NOT EXISTS] 数据库名；
```

高手点拨

在 CockroachDB 中，默认情况下关键字不区分大小写。

2. 显示数据库

使用 SHOW DATABASES 关键字可以显示 CockroachDB 中的所有数据库，其语法格式如下。

```
SHOW DATABASES;
```

3. 切换数据库

使用 SET DATABASE 或 USE 关键字可以切换数据库，其语法格式如下。

```
SET DATABASE=数据库名；              #方法1
USE 数据库名；                       #方法2
```

4. 删除数据库

使用 DROP DATABASE 关键字可以删除指定数据库，其语法格式如下。

```
DROP DATABASE [IF EXISTS] 数据库名 [CASCADE | RESTRICT];
```

其中，CASCADE 表示删除数据库的同时删除其中的所有模式、表和依赖于这些表的对象；RESTRICT 为默认值，表示如果数据库中包含模式和表等对象，则不允许删除该数据库。

小试牛刀

操作数据库 cockroachdb_test，包括创建数据库、显示数据库、切换数据库和删除数据库。

二、模式的基本操作

在 CockroachDB 中，模式的基本操作包括创建模式、显示模式、重命名模式和删除模式等。

1. 创建模式

使用 CREATE SCHEMA 关键字可以创建模式，其语法格式如下。

```
CREATE SCHEMA [IF NOT EXISTS] [数据库名.]模式名；
```

其中，"数据库名."为可选项，用于指定存放模式的数据库，若不指定数据库，则默认存放在当前数据库中。

2. 显示模式

使用 SHOW SCHEMAS 关键字可以显示数据库中的所有模式，其语法格式如下。

```
SHOW SCHEMAS [FROM 数据库名];
```

其中，"FROM 数据库名"为可选项，用于指定数据库。若不指定数据库，则显示当前数据库中的所有模式。

3. 重命名模式

使用 ALTER SCHEMA 和 RENAME TO 关键字可以重命名模式，其语法格式如下。

```
ALTER SCHEMA [数据库名.]旧的模式名 RENAME TO 新的模式名;
```

4. 删除模式

使用 DROP SCHEMA 关键字可以删除模式，其语法格式如下。

```
DROP SCHEMA [IF EXISTS] 模式名1, 模式名2 … [CASCADE | RESTRICT];
```

小试牛刀

> 创建数据库 school，并在该数据库中操作模式 test，包括创建模式、显示模式、重命名模式和删除模式。

三、表的基本操作

在 CockroachDB 中，表的基本操作包括创建表、显示表、显示表中的信息、修改表和删除表等。

1. 创建表

使用 CREATE TABLE 关键字可以创建表，其基本的语法格式如下。

```
CREATE TABLE [IF NOT EXISTS] [数据库名.[模式名.]]表名(
字段名1 数据类型 [约束条件],
字段名2 数据类型 [约束条件] …
[CONSTRAINT 约束名] [PRIMARY KEY (字段名1, 字段名2 …),]
[CONSTRAINT 约束名] [FOREIGN KEY (字段名) REFERENCES 父表 (父表中的字段)]
[CONSTRAINT 约束名] [UNIQUE (字段名1, 字段名2 …)],]
[CONSTRAINT 约束名] [CHECK (含有字段的表达式)]
);
```

上述语法格式的详细解释如下。

➢ **[数据库名.[模式名.]]表名**：用于指定存放表的数据库和模式，若不指定数据库和模式，则默认表存放在当前使用的数据库中。

➤ 字段名1 数据类型 [约束条件]：用于指定表中字段的名称、数据类型和约束条件。其中，约束条件用于定义表中不同字段的数据必须满足的规则，以确保数据的完整性、一致性和安全性，常用的约束条件如表7-4所示。

表 7-4 常用的约束条件

约束条件	关键字	描 述
主键约束	PRIMARY KEY	用于唯一标识表中的每行数据
外键约束	FOREIGN KEY	维护两个表之间数据引用的完整性和一致性，确保一个表中的外键字段是另一个表的主键字段
唯一约束	UNIQUE	确保指定字段的所有值都是唯一的，即不允许有重复的值
检查约束	CHECK	规定指定字段值的范围或条件，以确保插入或更新到表中的数据符合特定要求
默认值约束	DEFAULT	设置指定字段的默认值。当插入数据时，如果没有设置该字段的值，则使用默认值
非空约束	NOT NULL	规定指定字段的值不能为空值

➤ CONSTRAINT 约束名：可选项，用于指定表级约束的名称。若不指定约束名，则系统会自动生成一个约束名。在表级约束中可以设置字段的主键约束、唯一约束、检查约束和外键约束。

高手点拨

创建表时，可以在定义字段时指定约束条件，用于设置单个字段的规则；也可以在定义字段后指定表级约束，用于设置单个或多个字段的规则。需要注意的是，默认值约束和非空约束不可以作为表级约束。

2. 显示表

使用 SHOW TABLES 关键字可以显示数据库或模式中的所有表，其语法格式如下。

```
SHOW TABLES [FROM 数据库名[.模式名]];
```

其中，"FROM 数据库名[.模式名]"为可选项，用于指定数据库和模式。若不指定数据库和模式，则显示当前数据库中的所有表。

3. 显示表中的信息

显示表中的信息包括显示表中的字段信息和约束条件等。

（1）使用 SHOW COLUMNS 关键字可以显示表中的字段信息，其语法格式如下。

```
SHOW COLUMNS FROM [数据库名.[模式名.]]表名;
```

(2) 使用 SHOW CONSTRAINTS 关键字可以显示表中的约束条件，其语法格式如下。

SHOW CONSTRAINTS FROM [数据库名.[模式名.]]表名;

【例 7-1】 创建并显示表。

步骤 1 执行如下语句，切换至数据库 school。

```
defaultdb> USE school;
```

步骤 2 执行如下语句，创建表 classes。

```
school> CREATE TABLE IF NOT EXISTS classes (
    -> class_id INT PRIMARY KEY,
    -> class_name VARCHAR(50) NOT NULL
    -> );
```

步骤 3 执行如下语句，显示数据库 school 中的所有表，结果如图 7-5 所示。

```
school> SHOW TABLES;
```

```
  schema_name | table_name | type  | owner | estimated_row_count | locality
--------------+------------+-------+-------+---------------------+----------
  public      | classes    | table | root  |                   0 | NULL
(1 row)
```

图 7-5 数据库 school 中的所有表

步骤 4 执行如下语句，显示表 classes 中的字段信息，结果如图 7-6 所示。

```
school> SHOW COLUMNS FROM classes;
```

```
  column_name | data_type   | is_nullable | column_default | generation_expression | indices         | is_hidden
--------------+-------------+-------------+----------------+-----------------------+-----------------+-----------
  class_id    | INT8        | f           | NULL           |                       | {classes_pkey}  | f
  class_name  | VARCHAR(50) | f           | NULL           |                       | {classes_pkey}  | f
(2 rows)
```

图 7-6 表 classes 中的字段信息

步骤 5 执行如下语句，显示表 classes 中的约束条件，结果如图 7-7 所示。

```
school> SHOW CONSTRAINTS FROM classes;
```

```
  table_name | constraint_name | constraint_type | details                       | validated
-------------+-----------------+-----------------+-------------------------------+-----------
  classes    | classes_pkey    | PRIMARY KEY     | PRIMARY KEY (class_id ASC)    | t
(1 row)
```

图 7-7 表 classes 中的约束条件

SHOW CONSTRAINTS 关键字主要用于显示表中的主键约束、外键约束和唯一约束等。

4. 修改表

使用 ALTER TABLE 关键字可以修改表，修改表的基本操作包括重命名表、添加字段、添加约束条件、重命名字段、修改字段、修改主键、删除字段、删除约束条件等。

（1）使用 ALTER TABLE 和 RENAME TO 关键字可以重命名表，其语法格式如下。

```
ALTER TABLE [IF EXISTS] [数据库名.[模式名.]]旧的表名
RENAME TO 新的表名;
```

（2）使用 ALTER TABLE 和 ADD COLUMN 关键字可以向表中添加字段，其语法格式如下。

```
ALTER TABLE [IF EXISTS] [数据库名.[模式名.]]表名
ADD COLUMN [IF NOT EXISTS] 字段名 数据类型 [约束条件];
```

（3）使用 ALTER TABLE 和 ADD CONSTRAINT 关键字可以添加唯一约束、检查约束或外键约束，其语法格式如下。

```
ALTER TABLE [IF EXISTS] [数据库名.[模式名.]]表名
ADD [CONSTRAINT 约束名] UNIQUE | CHECK | FOREIGN KEY (字段名1, 字段名2 …);
```

（4）使用 ALTER TABLE 和 RENAME COLUMN 关键字可以重命名字段，其语法格式如下。

```
ALTER TABLE [IF EXISTS] [数据库名.[模式名.]]表名
RENAME COLUMN 旧的字段名 TO 新的字段名;
```

（5）使用 ALTER TABLE 和 ALTER COLUMN 关键字可以修改表中的字段，其语法格式如下。

```
ALTER TABLE [IF EXISTS] [数据库名.[模式名.]]表名
ALTER COLUMN 字段名
[SET DATA TYPE 新的数据类型] |         #修改字段的数据类型
[SET DEFAULT 默认值] |                 #设置或修改字段的默认值约束
[SET NOT NULL] |                      #设置字段的非空约束
[DROP NOT NULL] |                     #删除字段的非空约束
[DROP DEFAULT];                       #删除字段的默认值约束
```

高手点拨

修改字段的数据类型时，必须确保新的数据类型与原数据类型兼容，否则可能导致数据丢失或错误。

（6）使用 ALTER TABLE 和 ALTER PRIMARY KEY 关键字可以修改主键，其语法格式如下。

```
ALTER TABLE [IF EXISTS] [数据库名.[模式名.]]表名
ALTER PRIMARY KEY USING COLUMNS (字段名1, 字段名2 …);
```

> **高手点拨**
>
> 修改表的主键时，新的主键字段必须设置了非空约束。

（7）使用 ALTER TABLE 和 DROP COLUMN 关键字可以删除表中的字段，其语法格式如下。

```
ALTER TABLE [IF EXISTS] [数据库名.[模式名.]]表名
DROP COLUMN 字段名 [CASCADE | RESTRICT];
```

（8）使用 ALTER TABLE 和 DROP CONSTRAINT 关键字可以删除表级约束，其语法格式如下。

```
ALTER TABLE [IF EXISTS] [数据库名.[模式名.]]表名
DROP CONSTRAINT 约束名 [CASCADE | RESTRICT];
```

【例 7-2】 修改数据库 school 中的表 classes。

步骤 1 执行如下语句，将表 classes 重命名为 new_classes。

```
school> ALTER TABLE IF EXISTS classes
    -> RENAME TO new_classes;
```

步骤 2 执行如下语句，向表 new_classes 中添加 student_count 字段。

```
school> ALTER TABLE IF EXISTS new_classes
    -> ADD COLUMN student_count INT;
```

步骤 3 执行如下语句，为 class_name 字段添加检查约束。

```
school> ALTER TABLE new_classes
    -> ADD CONSTRAINT check_length CHECK (char_length(class_name) > 0);
```

步骤 4 执行如下语句，将 class_id 字段重命名为 new_class_id。

```
school> ALTER TABLE IF EXISTS new_classes
    -> RENAME COLUMN class_id TO new_class_id;
```

步骤 5 执行如下语句，删除 student_count 字段。

```
school> SET sql_safe_updates=false;
school> ALTER TABLE IF EXISTS new_classes
    -> DROP COLUMN student_count;
```

高手点拨

默认情况下，sql_safe_updates 参数的值为 true，用于阻止可能导致数据丢失的操作。在删除字段之前，需要先使用 SET 关键字临时将 sql_safe_updates 参数的值修改为 false，否则无法执行删除字段操作。

步骤 6 执行如下语句，删除约束 check_length。

```
school> ALTER TABLE IF EXISTS new_classes
     -> DROP CONSTRAINT check_length;
```

5. 删除表

使用 DROP TABLE 关键字可以删除表，其语法格式如下。

```
DROP TABLE [IF EXISTS] 表名1, 表名2 ... [CASCADE | RESTRICT]
```

删除表 new_classes。

四、数据的基本操作

在 CockroachDB 中，数据的基本操作包括插入数据、查询数据、更新数据、删除数据和批量导入与导出数据等。

1. 插入数据

使用 INSERT INTO 关键字可以向表中插入数据。

（1）向表中手动插入数据，其语法格式如下。

```
INSERT INTO [数据库名.[模式名.]]表名
[(字段名1, 字段名2 ...)]
VALUES (值1, 值2 ...), (值1, 值2 ...) ...;
```

上述语法格式的详细解释如下。

➢ **(字段名1, 字段名2 ...)**：可选项，用于指定要插入数据的字段。如果省略字段名，则默认会向表中的所有字段插入数据，此时 VALUES 中的值必须按表中字段的顺序提供。

➢ **VALUES (值1, 值2 ...), (值1, 值2 ...) ...**：用于指定字段的值。

（2）将查询结果插入表中，其语法格式如下。

```
INSERT INTO TABLE [数据库名.[模式名.]]表名
[(字段名1, 字段名2 ...)]
SELECT 查询字段 FROM 表名1;
```

其中，查询字段的顺序要与插入数据的表中字段顺序一致。

高手点拨

在 CockroachDB 中，也可以使用 CREATE TABLE…AS 关键字在创建新表的同时将数据查询结果导入新表中。该操作与项目二中 Hive 导入数据的内容基本相同，在此不再赘述。

小试牛刀

（1）在数据库 school 中重新创建表 classes，并向该表中插入 3 行数据。

```
INSERT INTO classes
VALUES (1001, '计算机科学 1 班'),
(1002, '计算机科学 2 班'),
(1003, '计算机科学 3 班');
```

（2）在数据库 school 中创建表 classes1，该表中仅包含 class_name 字段；然后查询表 classes 中的数据，并将查询结果插入表 classes1 中。

2. 查询数据

使用 SELECT 关键字可以查询表中的数据，其语法格式如下。

```
SELECT [ALL | DISTINCT] 查询字段 [AS 字段的别名]
FROM 表名1
[WHERE 查询条件]
[GROUP BY 分组字段 [HAVING 筛选条件]]
[ORDER BY 排序字段 [ASC | DESC]]
[INNER JOIN 表名2 ON 连接条件]
[LIMIT [起始位置,] 数据行数];
```

高手点拨

在 CockroachDB 中，能够使用聚合函数对查询结果进行汇总和计算。感兴趣的读者可以查阅资料，学习相关内容。

小试牛刀

查询表 classes 中的数据，练习条件查询、分组查询、排序查询等操作。

3. 更新数据

使用 UPDATE 关键字可以更新表中的数据，其语法格式如下。

```
UPDATE [数据库名.[模式名.]]表名 [AS 表的别名]
SET 字段名1=值1, 字段名2=值2 …
[WHERE 更新条件]
[RETURNING 字段名1, 字段名2 …];
```

其中，"RETURNING 字段名 1，字段名 2 …"用于返回受影响行的指定字段，当字段名为"*"时，表示返回所有字段。

【例 7-3】 更新数据库 school 的表 classes 中的数据，结果如图 7-8 所示。

```
school> UPDATE classes
     -> SET class_name='计算机应用1班'
     -> WHERE class_id=1001
     -> RETURNING *;
```

```
  class_id | class_name
-----------+----------------
      1001 | 计算机应用1班
(1 row)
```

图 7-8　更新表 classes 中的数据

4. 删除数据

使用 DELETE 关键字可以删除表中的数据，其语法格式如下。

```
DELETE FROM [数据库名.[模式名.]]表名 [AS 表的别名]
[WHERE 删除条件]
[RETURNING 字段名1, 字段名2 …];
```

 小试牛刀

删除数据库 school 的表 classes 中 class_id 字段值为 1001 的数据。

5. 批量导入与导出数据

（1）使用 IMPORT INTO 关键字可以将本地文件系统、远程服务器或云服务器中的数据批量导入表中，其语法格式如下。

```
IMPORT INTO [数据库名.[模式名.]]表名 [(字段名1, 字段名2 …)]
CSV | AVRO DATA
('数据导入路径1', '数据导入路径2' …)
[WITH 参数1=参数值1, 参数2=参数值2 …];
```

上述语法格式的详细解释如下。
- CSV | AVRO DATA：用于指定导入的数据文件的格式，可以是 CSV、AVRO 等格式。
- ('数据导入路径 1', '数据导入路径 2' …)：用于指定要导入的数据文件的路径。

高手点拨

在 CockroachDB 中，数据导入路径的格式如下。

协议://主机名或 IP 地址/路径?[可选参数]

其中，协议可以是 http、https、ftp、s3、gs 等，用于访问本地文件系统、远程服务器或云服务器中的数据；可选参数用于传递额外的信息或配置，如访问凭证等。

当数据存储在本地文件系统中时，需要使用 PHP、Python、Ruby 等编程语言将本地文件系统配置为 HTTP 服务器，以便 CockroachDB 可以通过 http 协议访问本地文件系统中的数据；当数据存储在云服务器中时，可以直接通过云服务提供的协议访问云服务器中的数据，如亚马逊的 s3 协议、谷歌云端存储的 gs 协议等。

- WITH 参数 1=参数值 1, 参数 2=参数值 2 …：用于指定一些额外的导入参数，以控制数据导入行为，常用的导入参数如表 7-5 所示。

表 7-5 常用的导入参数

参　　数	描　　述
delimiter	指定字段之间的分隔符，默认为逗号
skip	指定导入文件时要跳过的行数
header	指定数据文件的首行是否为标题行。当参数值为 true 时，CockroachDB 会自动跳过该行

（2）使用 EXPORT INTO 关键字可以将表中数据导出到文件中，其语法格式如下。

```
EXPORT INTO
CSV | AVRO
'数据导出路径'
[WITH 参数1=参数值1, 参数2=参数值2 …]
FROM TABLE [数据库名.[模式名.]]表名;
```

高手点拨

批量导入数据和导出数据时，可以设置多种参数。感兴趣的读者可以查阅资料，学习相关内容。

【例 7-4】 批量导入与导出数据。

步骤 1 在 Master 主机的终端上执行如下命令，使用 PHP 编程语言将本地文件系统配置为 HTTP 服务器。

```
[hadoop@Master ~]$ cd /usr/local/cockroach
[hadoop@Master cockroach]$ php -S 127.0.0.1:3000
```

步骤 2 在 CockroachDB SQL Shell 中执行如下语句，切换至数据库 school，创建表 courses_import。

```
defaultdb> use school;
school> CREATE TABLE IF NOT EXISTS courses_import (
    -> course_id INT PRIMARY KEY,
    -> course_name VARCHAR(50) NOT NULL
    -> );
```

步骤 3 执行如下语句，向表 courses_import 中批量导入数据，结果如图 7-9 所示。

```
school> IMPORT INTO courses_import
    -> CSV DATA
    -> ('http://127.0.0.1:3000/courses_data.csv');
```

```
       job_id      |  status   | fraction_completed | rows | index_entries | bytes
-------------------+-----------+--------------------+------+---------------+-------
 980255711255855105| succeeded |                  1 |    3 |             0 |    54
(1 row)
```

图 7-9 批量导入数据结果

步骤 4 执行如下语句，查询表 courses_import 中的所有数据，结果如图 7-10 所示。

```
school> SELECT * FROM courses_import;
```

```
 course_id | course_name
-----------+------------
         1 | Math
         2 | Science
         3 | History
(3 rows)
```

图 7-10 表 courses_import 中的所有数据

小试牛刀

将表 courses_import 中的数据批量导出到本地文件系统的"/usr/local/cockroach/courses_export.csv"文件中。

任务实施

任务分析 首先创建数据库 ecommerce；然后根据表 7-1、表 7-2 和表 7-3 中的内容在数据库中分别创建用户表、商品表和订单表；最后向表中插入数据，并根据需要查询、更新和删除表中数据。

操作电商平台的交易数据

1. 操作数据库

步骤 1 启动 CockroachDB 单节点服务器和 CockroachDB SQL Shell。

步骤 2 执行如下语句，创建数据库 ecommerce。

```
defaultdb> CREATE DATABASE IF NOT EXISTS ecommerce;
```

步骤 3 执行如下语句，切换至数据库 ecommerce。

```
defaultdb> USE ecommerce;
```

步骤 4 执行如下语句，显示所有数据库。若显示的数据库中含有 ecommerce，则证明数据库 ecommerce 创建成功。

```
ecommerce> SHOW DATABASES;
```

2. 操作表

步骤 1 执行如下语句，创建用户表 users。

```
ecommerce> CREATE TABLE IF NOT EXISTS users (
        -> user_id STRING PRIMARY KEY,
        -> user_name VARCHAR(255) NOT NULL,
        -> email VARCHAR(255) NOT NULL,
        -> password VARCHAR(255) NOT NULL
        -> );
```

步骤 2 执行如下语句，创建商品表 goods。

```
ecommerce> CREATE TABLE IF NOT EXISTS goods (
        -> goods_id STRING PRIMARY KEY,
        -> goods_name VARCHAR(255) NOT NULL,
        -> description TEXT,
        -> price DECIMAL(10, 2) NOT NULL,
        -> stock INT NOT NULL
        -> );
```

步骤 3 执行如下语句，创建订单表 orders。

```
ecommerce> CREATE TABLE IF NOT EXISTS orders (
        -> order_id STRING PRIMARY KEY,
        -> user_id STRING NOT NULL,
        -> goods_id STRING NOT NULL,
        -> order_date TIMESTAMP DEFAULT now(),
        -> status VARCHAR(50) NOT NULL,
        -> quantity INT NOT NULL,
        -> FOREIGN KEY (user_id) REFERENCES users (user_id),
        -> FOREIGN KEY (goods_id) REFERENCES goods (goods_id)
        -> );
```

步骤 4 执行如下语句，显示数据库 ecommerce 中的所有表。若显示的表中含有 users、goods 和 orders，则证明 3 个表创建成功。

```
ecommerce> SHOW TABLES;
```

步骤 5 执行如下语句，删除用户表 users 中的 password 字段。

```
ecommerce> SET sql_safe_updates=false;
ecommerce> ALTER TABLE users DROP COLUMN password;
```

步骤 6 执行如下语句，显示用户表 users 中的字段信息，结果如图 7-11 所示。

```
ecommerce> SHOW COLUMNS FROM users;
```

```
  column_name | data_type    | is_nullable | column_default | generation_expression | indices       | is_hidden
--------------+--------------+-------------+----------------+-----------------------+---------------+-----------
  user_id     | STRING       |      f      | NULL           |                       | {users_pkey}  |     f
  user_name   | VARCHAR(255) |      f      | NULL           |                       | {users_pkey}  |     f
  email       | VARCHAR(255) |      f      | NULL           |                       | {users_pkey}  |     f
(3 rows)
```

图 7-11　用户表 users 中的字段信息

3．操作数据

步骤 1 执行如下语句，向用户表 users 中插入数据。

```
ecommerce> INSERT INTO users
        -> VALUES ('user_1', '张三', 'zhangsan@example.com'),
        -> ('user_2', '李四', 'lisi@example.com'),
        -> ('user_3', '王五', 'wangwu@example.com'),
        -> ('user_4', '赵六', 'zhaoliu@example.com');
```

步骤 2 执行如下语句，查询用户表 users 中的所有数据。若查询结果与插入数据一致，则证明数据插入成功，如图 7-12 所示。

```
ecommerce> SELECT * FROM users;
```

```
 user_id | user_name |          email
---------+-----------+----------------------
 user_1  | 张三      | zhangsan@example.com
 user_2  | 李四      | lisi@example.com
 user_3  | 王五      | wangwu@example.com
 user_4  | 赵六      | zhaoliu@example.com
(4 rows)
```

图 7-12　用户表 users 中的所有数据

步骤 ③ 执行如下语句，向商品表 goods 中插入数据。

```
ecommerce> INSERT INTO goods
        -> VALUES ('goods_1', '智能手机', '外观设计独特, 摄像头像素高', 3999.99, 50),
        -> ('goods_2', '高性能笔记本电脑', '处理器性能强大, 内存空间大', 7999.99, 30),
        -> ('goods_3', '蓝牙耳机', '不受线缆束缚, 支持高质量的音频传输', 1299.99, 200),
        -> ('goods_4', '智能手表', '具备健康监测、运动追踪等功能', 1999.99, 100);
```

步骤 ④ 执行如下语句，向订单表 orders 中插入数据。

```
ecommerce> INSERT INTO orders (order_id, user_id, goods_id, status, quantity)
        -> VALUES ('order_1', 'user_1', 'goods_1', '已下单', 1),
        -> ('order_2', 'user_2', 'goods_2', '已下单', 2),
        -> ('order_3', 'user_3', 'goods_3', '已发货', 1),
        -> ('order_4', 'user_4', 'goods_1', '已完成', 1);
```

步骤 ⑤ 执行如下语句，将 goods_id 字段值为 goods_2 的数据中的 goods_name 字段值更新为笔记本电脑。

```
ecommerce> UPDATE goods SET goods_name='笔记本电脑'
        -> WHERE goods_id='goods_2';
```

步骤 ⑥ 执行如下语句，查询表 goods 中 goods_id、goods_name 和 price 字段的数据，并按 price 字段对查询结果进行降序排序，结果如图 7-13 所示。

```
ecommerce> SELECT goods_id, goods_name, price
        -> FROM goods
        -> ORDER BY price DESC;
```

```
  goods_id | goods_name  | price
-----------+-------------+---------
  goods_2  | 笔记本电脑  | 7999.99
  goods_1  | 智能手机    | 3999.99
  goods_4  | 智能手表    | 1999.99
  goods_3  | 蓝牙耳机    | 1299.99
(4 rows)
```

图 7-13　按 price 字段对查询结果进行降序排序

步骤 7　执行如下语句，查询订单的详细信息，包括订单 ID、订单日期、订单状态、订单中商品的数量、用户名和商品名称，结果如图 7-14 所示。

```
ecommerce> SELECT o.order_id, o.order_date, o.status,
o.quantity, u.user_name, g.goods_name
        -> FROM orders o
        -> JOIN users u ON o.user_id=u.user_id
        -> JOIN goods g ON o.goods_id=g.goods_id;
```

```
 order_id |       order_date        | status | quantity | user_name | goods_name
----------+-------------------------+--------+----------+-----------+-------------
 order_1  | 2024-06-26 12:22:24.750408 | 已下单 |    1     |   张三    | 智能手机
 order_4  | 2024-06-26 12:22:24.750408 | 已完成 |    1     |   赵六    | 智能手机
 order_2  | 2024-06-26 12:22:24.750408 | 已下单 |    2     |   李四    | 笔记本电脑
 order_3  | 2024-06-26 12:22:24.750408 | 已发货 |    1     |   王五    | 蓝牙耳机
(4 rows)
```

图 7-14　订单的详细信息

步骤 8　执行如下语句，统计每个用户的订单总数，结果如图 7-15 所示。

```
ecommerce> SELECT user_id, COUNT(order_id) AS order_count
        -> FROM orders
        -> GROUP BY user_id;
```

高手点拨

COUNT() 为聚合函数，用于统计符合指定条件的行数。

步骤 9　执行如下语句，统计库存不足 50 的商品，结果如图 7-16 所示。

```
ecommerce> SELECT goods_id, goods_name, stock
        -> FROM goods
        -> WHERE stock < 50;
```

```
 user_id | order_count
---------+-------------
 user_1  |      1
 user_2  |      1
 user_3  |      1
 user_4  |      1
```

图 7-15　每个用户的订单总数

```
 goods_id | goods_name  | stock
----------+-------------+-------
 goods_2  | 笔记本电脑  |  30
(1 row)
```

图 7-16　库存不足 50 的商品

步骤 10 执行如下语句,将表 orders 中 user_id 字段值为 user_1 且 goods_id 字段值为 goods_1 的数据中的 status 字段值更新为已支付。

```
ecommerce> UPDATE orders SET status='已支付'
        -> WHERE user_id='user_1' AND goods_id='goods_1';
```

步骤 11 执行如下语句,删除表 goods 中 goods_id 字段值为 goods_4 的商品数据,返回结果如图 7-17 所示。

```
ecommerce> DELETE FROM goods
        -> WHERE goods_id='goods_4'
        -> RETURNING goods_id, goods_name;
```

```
 goods_id | goods_name
----------+------------
 goods_4  | 智能手表
(1 row)
```

图 7-17 删除商品数据的返回结果

项目实训

1. 实训目标

(1) 熟练操作数据库和表。
(2) 熟练操作表中的数据。

2. 实训内容

某教育平台的数据分类存储在 3 个表中,它们的结构和数据分别如表 7-6、表 7-7 和表 7-8 所示。

表 7-6 学生表的结构和数据

字段名	stu_id (学生ID)	stu_name (学生姓名)	password (密码)	email (邮箱)	age (年龄)
数据类型	INT	VARCHAR(255)	VARCHAR(255)	VARCHAR(255)	INT
约束条件	主键约束	非空约束	非空约束	非空约束	默认值约束 (默认值为0)
数据	1001	张三	—	zhangsan@example.com	18
	1002	李四	—	lisi@example.com	19

表 7-7　课程表的结构和数据

字段名	course_id（课程 ID）	course_name（课程名称）	teacher（授课教师）
数据类型	VARCHAR(255)	VARCHAR(255)	VARCHAR(255)
约束条件	主键约束	非空约束	非空约束
数据	c001	数据库基础	吴一
	c002	NoSQL 数据库	郑三
	c003	大数据存储	陈四

表 7-8　成绩表的结构和数据

字段名	grade_id（成绩 ID）	stu_id	course_id	score（成绩）	grade_date（成绩记录日期）
数据类型	INT	INT	VARCHAR(255)	DECIMAL(5, 2)	TIMESTAMP
约束条件	主键约束	非空约束、外键约束（引用学生表中的 stu_id）	非空约束、外键约束（引用课程表中的 course_id）	检查约束（成绩在 0 到 100 之间）	默认值约束（默认值为当前时间）
数据	101	1001	c001	85.5	默认值
	102	1001	c002	78.0	默认值
	103	1002	c001	92.5	默认值
	104	1002	c002	88.0	默认值

根据以上信息，在 CockroachDB 中完成如下操作。

（1）创建数据库 education、学生表 students、课程表 courses 和成绩表 grades，并验证数据库和表是否创建成功。

（2）向学生表 students 中添加 age 字段，数据类型为 INT，默认值为 0。

（3）删除学生表 students 中的 password 字段。

（4）向学生表 students、课程表 courses 和成绩表 grades 中插入数据。

（5）查询每位学生的姓名、课程和成绩。

（6）查询成绩大于 90 分的学生信息，返回学生的 ID、姓名、课程名称和成绩。

（7）统计平均成绩大于 75 分的课程，返回课程名称、平均成绩和授课教师。

项目考核

1. 选择题

（1）下列选项中，不属于 NewSQL 特点的是（　　）。
  A．支持 SQL　　　　　　　　　B．不支持 ACID 事务特性
  C．高性能　　　　　　　　　　D．高可扩展性

（2）在 CockroachDB 的架构中，（　　）将 SQL 语句转换为逻辑计划。
  A．SQL 层　　　　　　　　　　B．分布式查询引擎层
  C．分布式键值存储层　　　　　D．节点

（3）在 CockroachDB 中，（　　）是最高层次的存储结构。
  A．模式　　　　　　　　　　　B．表
  C．数据库　　　　　　　　　　D．字段

（4）在 CockroachDB 中，使用（　　）关键字可以创建数据库。
  A．CREATE SCHEMA　　　　　B．CREATE DATABASE
  C．USE SCHEMA　　　　　　　D．USE DATABASE

（5）在 CockroachDB 中，使用（　　）关键字可以设置主键约束。
  A．NOT NULL　　　　　　　　B．FOREIGN KEY
  C．UNIQUE　　　　　　　　　D．PRIMARY KEY

（6）在 CockroachDB 中，使用 ALTER TABLE 和（　　）关键字可以向表中添加字段。
  A．RENAME TO　　　　　　　B．ADD COLUMN
  C．ADD CONSTRAINT　　　　D．RENAME COLUMN

（7）在 CockroachDB 中，使用（　　）关键字可以向表中批量导入数据。
  A．DELETE　　　　　　　　　　B．EXPORT INTO
  C．DROP　　　　　　　　　　　D．IMPORT INTO

2. 判断题

（1）在 CockroachDB 的架构中，分布式键值存储层主要负责分布式存储和管理数据。（　　）

（2）在 CockroachDB 中，必须创建模式后才能创建表。（　　）

（3）在 CockroachDB 中，可以在表级约束中设置字段的默认值约束。（　　）

（4）在 CockroachDB 中，使用 SHOW COLUMNS 关键字可以显示表中的约束条件。（　　）

（5）在 CockroachDB 中删除表时，使用 RESTRICT 关键字可以保证即使有对象依赖于该表，也能删除表。（　　）

（6）在 CockroachDB 中，使用 EXPORT INTO 关键字可以将表中数据导出到文件中。（　　）

3．简答题

（1）简述 NewSQL 的应用场景。

（2）简述 CockroachDB 的架构。

项目评价

请学生结合本项目的学习情况，对学习成果进行自评和互评（组内成员相互评分），请指导教师进行师评和总评，并将评价结果填入表 7-9 中。

表 7-9　学习成果评价表

评价项目	评价内容	评价分数			
		分值	自评	互评	师评
任务完成度（20%）	任务准备阶段，回答问题清晰准确，紧扣主题，没有明显错误	5 分			
	任务实施阶段，根据操作步骤完成本任务	5 分			
	项目实训阶段，出色地完成实训内容	5 分			
	项目考核阶段，完成考核题目	5 分			
知识（40%）	NewSQL 数据库的特点和应用场景	5 分			
	CockroachDB 的架构和存储结构	5 分			
	CockroachDB 中数据库、模式、表和数据的基本操作	30 分			
技能（30%）	采用单机模式部署 CockroachDB	5 分			
	使用 CockroachDB SQL Shell 操作数据库、模式、表和数据，高效存储和管理数据	25 分			
素养（10%）	具有自主学习意识，做好课前准备	5 分			
	互帮互助，具有团队精神	5 分			
合计		100 分			
总评	综合得分：_____	指导教师签字：_____			
	综合等级：_____				

注：综合得分可按照"自评（25%）+互评（25%）+师评（50%）"进行计算；综合等级可以"优"（综合得分≥90 分）、"良"（80 分≤综合得分<90 分）、"中"（60 分≤综合得分<80 分）、"差"（综合得分<60 分）为标准进行评价。

参考文献

［1］郭旦怀．大数据存储：NoSQL［M］．北京：清华大学出版社，2023．

［2］张文亮．HBase 从入门到实战［M］．北京：清华大学出版社，2023．

［3］谭旭，李程文．大数据存储［M］．北京：人民邮电出版社，2022．

［4］黑马程序员．Hive 数据仓库应用［M］．北京：清华大学出版社，2021．

［5］柳俊，周苏．大数据存储：从 SQL 到 NoSQL［M］．北京：清华大学出版社，2021．